教育部高职高专规划教材

线形透视画法

（环境艺术设计专业适用）

中国美术学院艺术设计职业技术学院
向应新　夏克梁　编著

中国建筑工业出版社

图书在版编目(CIP)数据

线形透视画法/向应新，夏克梁编著 .—北京：中国建筑工业出版社，2002

教育部高职高专规划教材

ISBN 978-7-112-04836-6

Ⅰ.线 ... Ⅱ.①向 ...②夏 ... Ⅲ.建筑艺术-绘画透视-技法(美术)-高等学校：技术学校-教材 Ⅳ.TU204

中国版本图书馆 CIP 数据核字(2002)第 070654 号

本书共分九章，主要内容包括：透视基本知识、方形物的平行透视、方形物的余角透视、斜面透视、方形物的俯视和仰视、圆形曲线物体的透视、阴影的透视、反影的透视、简易求探法。本书简明扼要，实用性强，配以大量彩图，便于教学。

本书可作为高职高专环境艺术设计专业教材使用，也可供环境设计人员阅读参考。

教育部高职高专规划教材

线形透视画法

(环境艺术设计专业适用)

中国美术学院艺术设计职业技术学院

向应新 夏克梁 编著

*

中国建筑工业出版社出版、发行（北京西郊百万庄）

各地新华书店、建筑书店经销

北京凌奇印刷有限责任公司印刷

*

开本：787×1092 毫米 1/16 印张：3¾ 字数：90 千字

2003 年 1 月第一版 2011 年 1 月第五次印刷

定价：**24.00** 元

ISBN 978-7-112-04836-6

(10314)

本社网址：http://www.cabp.com.cn

网上书店：http://www.china-building.com.cn

目　录

第一章　透视基本知识

“透视”一词来源于拉丁文“*Perspicere*”，其意思是通过透明的介质来看物像，景物形状通过聚向眼睛的锥形线映像在透明介质上，便产生了透视图形，把三维景物通过二维平面描绘下得到近大远小、具有立体感图像的现象称为透视。这种透视是依据视觉透视的几何学和光学规律来确定景物远近、大小等关系，具有一定的科学性，是环境艺术设计工作者将自己的设计思想比较真实地表现的最有效方法。

第一节　透视图的分类

平时人们在观察景物时所得到的透视现象大致可分为四种类型：

1.平视

顾名思义是观察者的眼睛以水平的方向向前扫视，这时所产生的现象是中视线垂直于画面，视平线与地平线重合。画面垂直于地面、视平面平行于地面，是一种最常见的透视现象。这种透视在设计工作中，得到了广泛的应用。如图1–1。

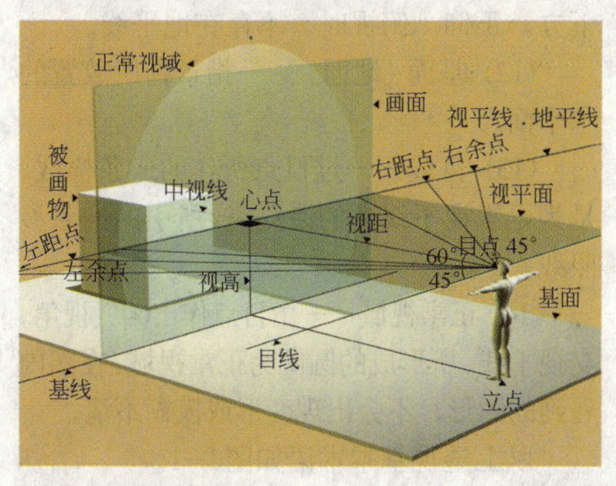

图1–1　透视术语

2.斜仰视

把视线从水平的方向稍往上转移，便会得到斜仰视的现象。这时，所产生的现象是，画面朝下倾斜于地面；中视线向上倾斜于地面，但仍垂直于画面，视平线与地平线产生了变化。视平线在上，地平线在下。如图1–2。

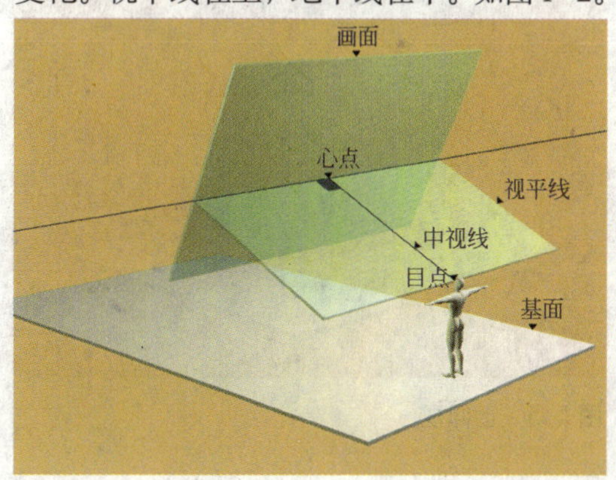

图1–2　斜仰视

3.斜俯视

当视线从水平的方向稍往下转移时，便会产生斜俯视的现象。这时，画面朝上倾斜于地面，中视线向下倾斜于地面，但仍垂直于画面，视平线与地平线产生了变化，视平线横贯画面，地平线在上，视平线在下。如图1–3。

4.正俯视和正仰视

当人的视线一直往上或往下转移，至中视线垂直于地面时，便产生了正仰视或正俯视的现象。这时，画面平行于地面，中视线和视平面垂直于地面，视平线横贯画面，不存在地平线。如图1–4，1–5。

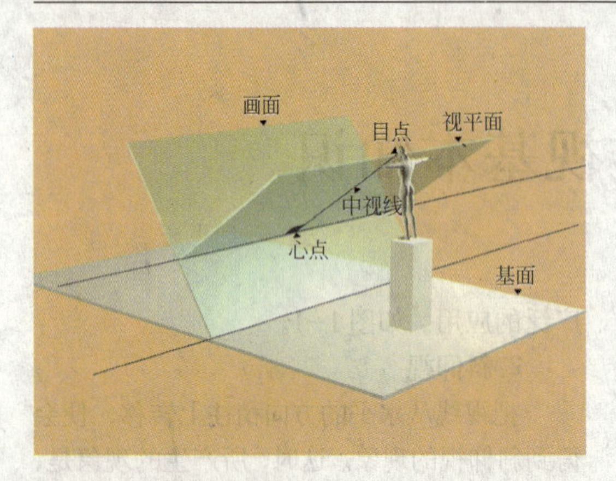

图1-3　斜俯视

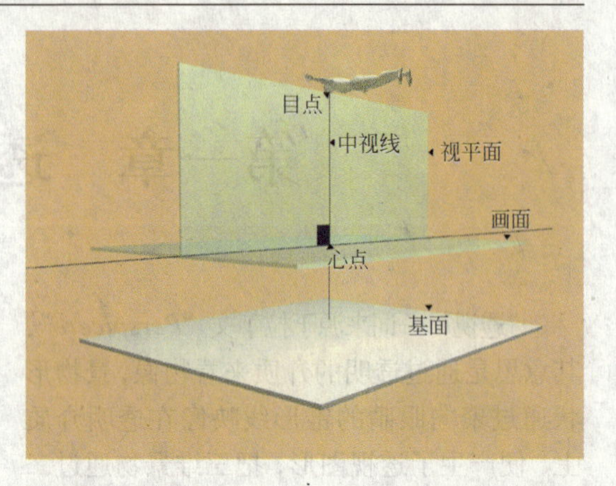

图1-4　正俯视

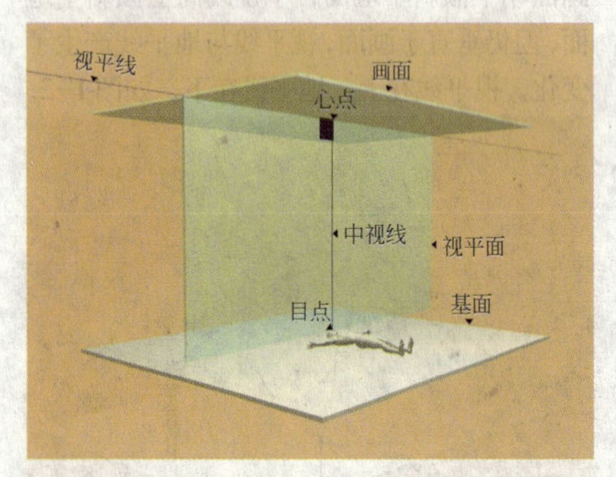

图1-5　正仰视

第二节　透视的基本术语

(1) 目点(视点)——作画者眼睛的位置。

(2) 立点——作画者在地面停点的位置。

(3) 中视线(视轴)——由目点作出射向景物的任何一条直线为视线，其中引向正前方的视线为中视线，中视线始终垂直于画面。

(4) 画面——画者与景物间的透明界面(玻璃板)，平视时，画面垂直于地面。倾斜仰、俯视时，画面倾斜于地面。正俯、仰视时，画面平行于地面。

(5) 基线——画面与地面的交界线。

(6) 心点——中视线和视平线的交点。

(7) 视高——目点至立点的垂直高度，视高一般与视平线同高。

(8) 视距——目点至画面的垂直距离，在中视线上，视距等于目点至心点的距离。

(9) 视平面——由目点作出的水平视线所构成的面。与中视线相同，当作画者平视时，视平面平行于地面，仰、俯视时，视平面倾斜于地面，正俯、仰视时，视平面垂直于地面。

(10) 视平线——视平面与画面的交界线，平视时即是画面上等于视高的水平线，与地平线重合的线。

(11) 地平线——作画者所见无限远处水天的交界线，平视时，地平线与视平线重合，斜、仰、俯视时，地平线分别在视平线的上、下方，正仰、俯视时，不存在地平线。

(12) 基面(地面)——指景物所放置的水平面。

(13) 目线——过目点所作的一条横线，是为寻求视平线上的诸灭点，所引的一条参照线。

(14) 正常视域——由目点作出60°视角，交视平线，所形成的圆圈为正常视域，在圈内看到的图形，不会出现变形或模糊不清。

以上透视基本术语如图1-1。

第三节　原线、变线与灭点

观察透视图，不难发现，线段是构成每一幅透视图的基本元素，有灭点的直线段与没有灭点的直线段的透视变化规律，构成了透视的基本规律，其中没有消失点的线段称原线。一端向消失点汇聚的线段称变线。汇聚线段的点，也就是消失点，即灭点。

1.原线

原线是指与画面平行的直线段。

原线的特点：保持原状，相互平行的原线在画面上仍保持平行，不消失，无灭点。

原线的分类：原线的类型共有三种(图1-6*a*)：①类线是与地面垂直的原线；②类线是与地面水平的原线；③类线是与地面倾斜的原线。其在透视中与画面所成的关系如图1-6(*b*)。

2.变线

变线是指与画面不平行的直线段。

变线的特点：有消失点，有灭点，在方向上发生了变化，向其对应的消失点消失。

变线的分类：变线的类型共有五种(图1-6*a*)：④类线是与画面垂直的变线，其消失点为心点；⑤类线是与画面成45°角的变线，其消失点为距点；⑥类线是与画面成其他角的变线，其消失点为余点；⑦类线是上斜变线，在画面中形成近低远高的变线，其消失点为升点；⑧类线是下斜变线，在画面中形成近高远低的变线，其消失点为降点。其在透视中与画面所形成的关系如图1-6(*b*)。

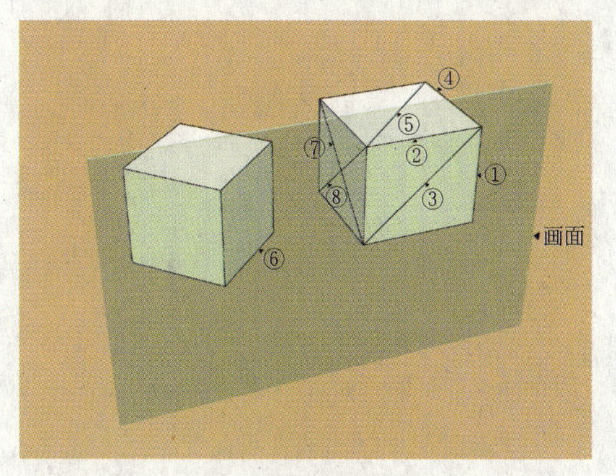

(*a*) 八种线段的位置

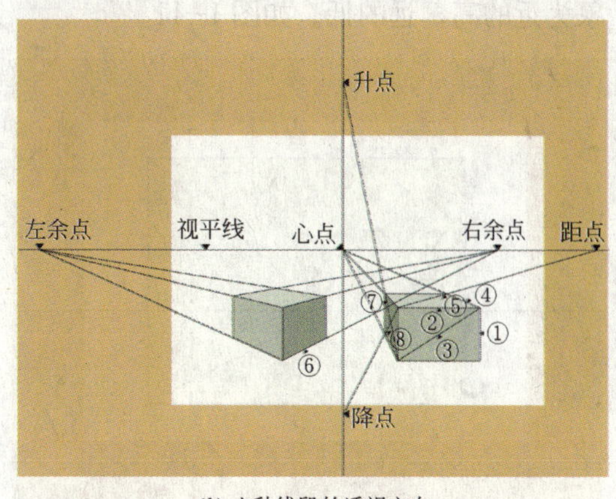

(*b*) 八种线段的透视方向

图1-6　八种线段

3.灭点

灭点是指平行线段无限延伸，最终聚集在一个点上，这个点称为灭点或消失点。

灭点的形成：远近中的景物实际上大小相同，只因距离的不同，使得景物离观察者越近，映现在画面上的透视现象就越大，景物离观察者越远，映现在画面上的透视现象就越小，无限延伸时，直至缩小成为一个点，这个点便称为灭点。

灭点的种类：不同方向的线段，根据不同类型的透视，分别消失在不同的灭点上，灭点的种类可分为五种：

心点（中心消失点）：直角平变线的灭点。凡与地面平行，与画面垂直的线段映像在画面上时，一端都是向心点汇集，心点是一点透视的唯一灭点。如图1-7。

距点：是与画面相交成45°直线的灭点。在心点的左右侧，左距点和右距点至心点的距离相等。如图1-8。

余点：其他角平变线的灭点。在视平线上心点的左右侧，左余点和右余点至心点的距离不相等。如图1-9。

升点：上斜变线的灭点，形成的透视现象为远的高，近的低。如图1-10。

降点：下斜变线的灭点，形成的透视现象为近的高，远的低。如图1-11。

图1-7　心点

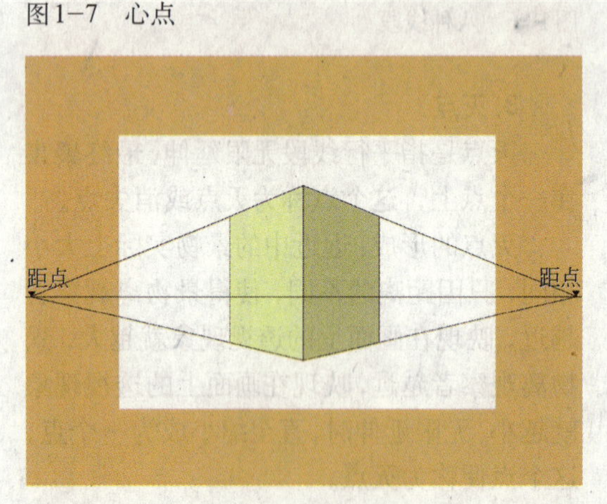

图1-8　距点

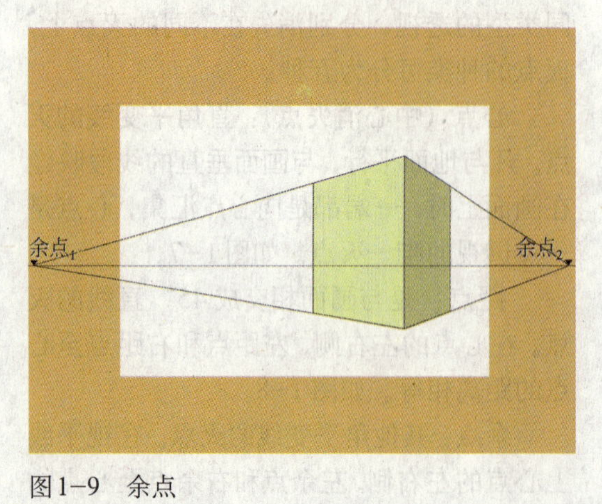

图1-9　余点

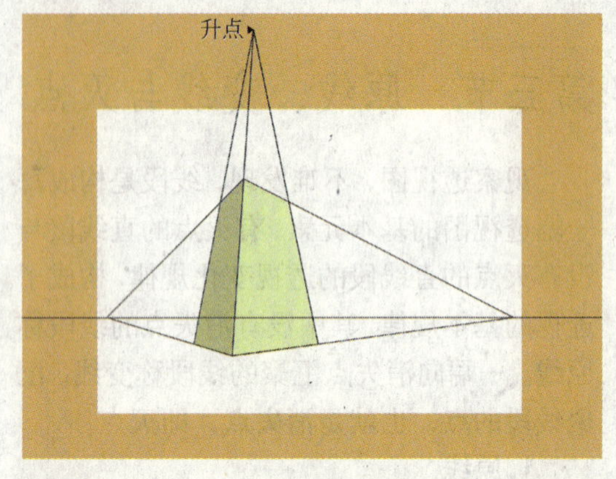

图1-10　升点

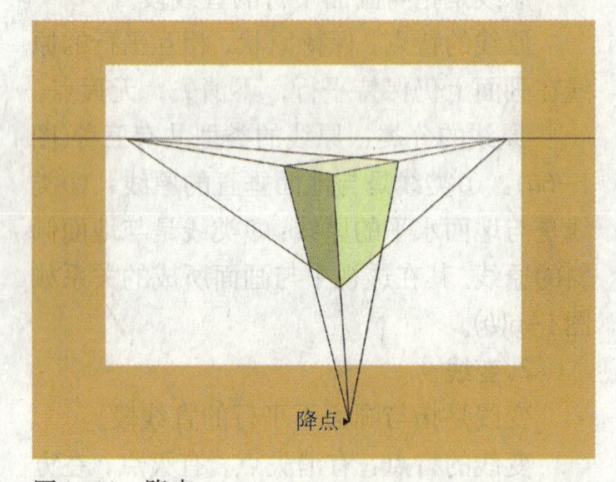

图1-11　降点

第二章　方形物的平行透视

平行透视亦称一点透视，是一种最基本、最常用的透视方法，其特点是表现范围较广，画面平稳，纵深感强，通常一张平行透视图能一览无遗地表现一个空间，适合表现纪念馆、宗教建筑、政府机关办公场所等庄重、稳定、宁静的建筑室内空间及环境。同时，平行透视也存在弊端，画面常显得较呆板，与真实效果有一定的距离。

第一节　平行透视及其透视规律

1.平行透视的概念

放置在地面上的方形物中，如果有两组竖立面，一组竖立面平行于画面，另一组垂直于画面，这时产生的透视现象称平行透视。如图2-1。

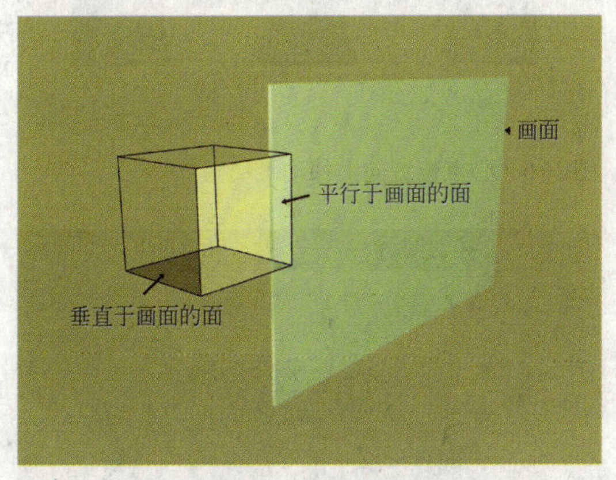

图2-1　立方体两组竖立面与画面的关系

2.平行透视的三种线段

如图2-2所示的方形物体中，共有三组不同方向的棱边，每组棱边又由四根相同线段构成，其中一组横向平行于画面称之为a，一组竖向平行于画面称之为b，另一组垂直于画面称之为c，当平行于画面的方形物体映像在画面上时，这时所产生的现象是：a组线段保持原状，方向未发生变化，每根线段都保持横向平行，我们称其为“水平原线”；b组线段同样保持原状，方向未发生变化，每根线段保持竖向平行，我们称其为“垂直原线”；c组线段发生了变化，其中线段的一端向心点汇聚，都消失在心点（灭点）上，我们称其为“变线”。通过总结，我们不难发现，平行透视线段的方向为垂直、水平、向心点。

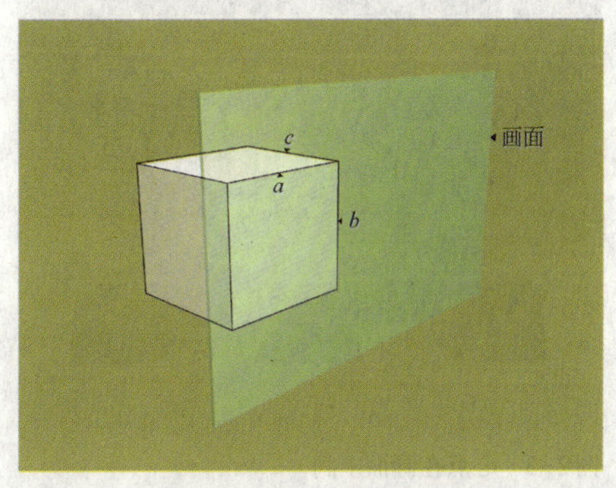

图2-2　立方体三组线段与画面的关系

第二节　心点的位置

在平行透视中，前面所讲三条线段的透视规律是：水平（水平原线），垂直（垂直原线），向心点（直角平变线），其中心点在平行透视中起着决定性的作用，直接控制着画面的构图，视域的方向。那么心点的位置该如何确定呢？当我们隔着画面直立正视前方观察景物时，自目点引出与画面垂直的线，并交于视平线为一点，这一点，我们称之为心点。当人观察景物所站的位置进行上下、左右移动时，心点的位置也就相应地产生了变化，同样，所看到景物的角度也发生了变化，所以说，心点位置的确定对表现图的构图及表现空间的范围起着直接的作用。

在实例中，根据景物（建筑环境、室内空间）对象及主次面的不同，我们选择心点的不同位置。在图2－3中，心点的位置在画面中间，宜表现较为庄重的空间，并且左右墙面的装饰接近；在图2－4中，心点的位置向右移动，宜表现左墙面装饰较为复杂，右墙面装饰相对简单的空间；在图2－5中，心点的位置向左移动，宜表现右墙面装饰较为复杂，左墙面装饰相对简单的空间；在图2－6中，心点的位置随视平线向上移动，宜表现顶面较为简单，地面拼花复杂，或摆设的家具较多的空间；在图2－7中，心点的位置随视平线向下移动，宜表现顶棚较为复杂，地面拼花或摆设的家具较简单的空间。

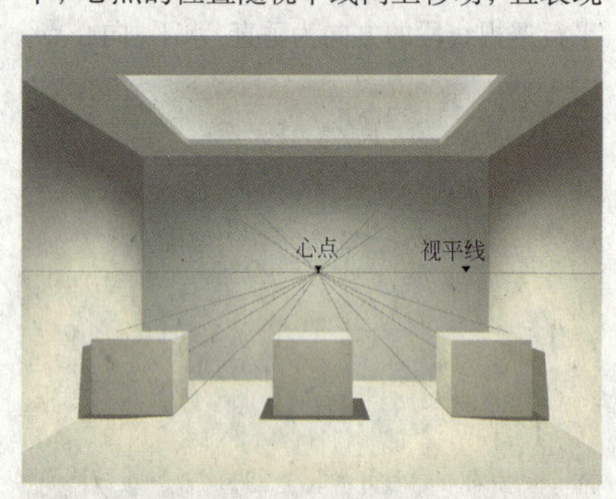

图2－3　心点在画面中间

图2－4　心点位置向右移动

图2－5　心点位置向左移动

图2－6　心点位置向上移动

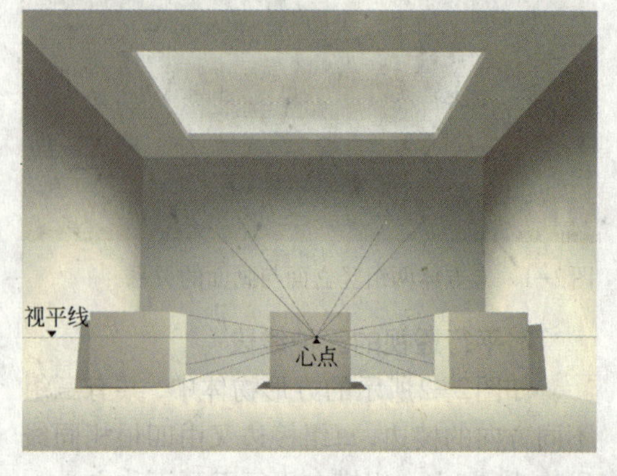

图2－7　心点位置向下移动

第三节　距点求平行透视的景深

在绘制方形物体的平行透视时，已知三种线段的透视规律，根据两组原线段（水平原线、垂直原线）的性质，采用量线的方法，求得其在透视图中的长度，在绘制变线（方形物体的景深）时，则可采用距点的方法求得。

距点，分别在视平线上心点的左右两侧，左距点至心点的距离等于右距点至心点的距离（即等于视距），视距的长短，直接影响到方形物的景深在透视图中的变化，视距选择不当，会使方形物在透视中变形，与实际距离不符。所以视距应保持一定的距离。通常以60° 视角观看景物，距点的位置是自心点至画框最远角1.5倍处。如图2−8。

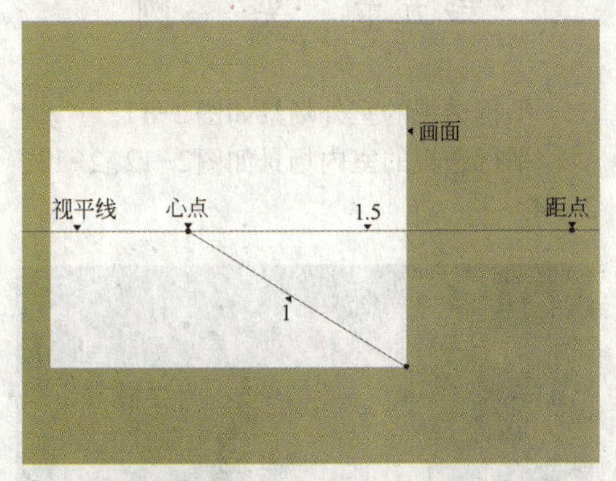

图2−8　距点的位置

理解与分析：

在图2−9(*a*)中，已知正立方体，共由*a*、*b*、*c*三组棱边构成，每组棱边长为50 cm。其中*a*组棱边平行于画面且平行于地面为水平原线；*b*组棱边平行于画面且垂直于地面为垂直原线；*c*组棱边垂直于画面且平行于地面为直角平变线。

作图步骤如下(图2−9)：

(1) 定画框、视平线、心点、距点。

(2) 定视高为1m（即*A*点或*B*点至视平线的垂直距离为1m）。

(3) 作*ABCD*正方形，各边长为50cm。

(4) 自*A*点连接距点，交*B*至心点的连线得*B*′ 。

(5) 过*B*′ 作垂线并与*C*至心点的连线相交，得*C*′ 。

(6) 过*C*′ 作水平线，交*D*至心点的连线得*D*′ ，完成透视图。

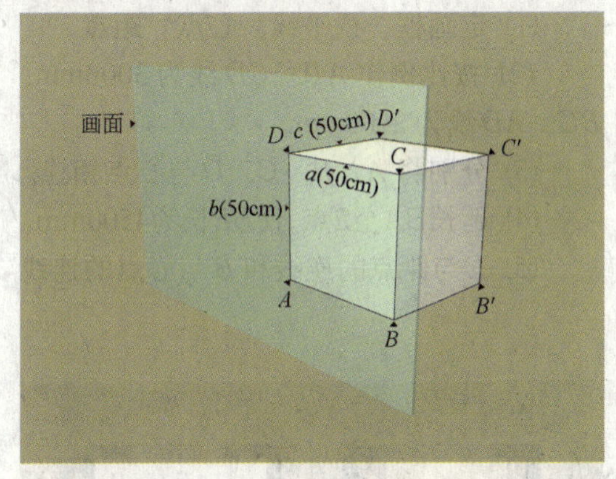

(*a*)立方体与画面的关系

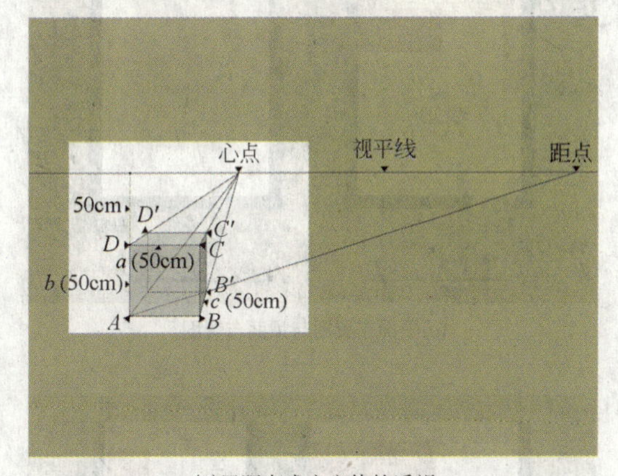

(*b*)用距点求立方体的透视

图2−9　利用距点求平行透视的景深

第四节　平行透视图的应用

平行透视图的用途广泛，能够清楚全面地表达较大的空间，是最常用的一种透视方法，因此，我们必须掌握并能熟练运用。下面以简单的空间为例，来看平行透视的具体作法。已知条件如图2–10(*a*)、(*b*)，且*B*立面平行于画面。

理解与分析：

将室内空间视为方形物体，因为该透视为平行透视，所以在空间中与画面平行的线都为原线，即线段为水平或垂直，与画面垂直的线段都为变线，即线段的一端向心点消失。

作图步骤如下(图2–10*c*)：

(1) 定画框、视平线、心点、距点。

(2) 按比例作*AB*、*CD*线为3000mm、*BC*、*AD*线为2600mm。

(3) 分别将*A*、*B*、*C*、*D*与心点相连。

(4) 延长*BA*至*E*点，使*BE*长为4500mm。

(5) *E*与距点的连线和*B*与心点的连线相交于*E*′点。

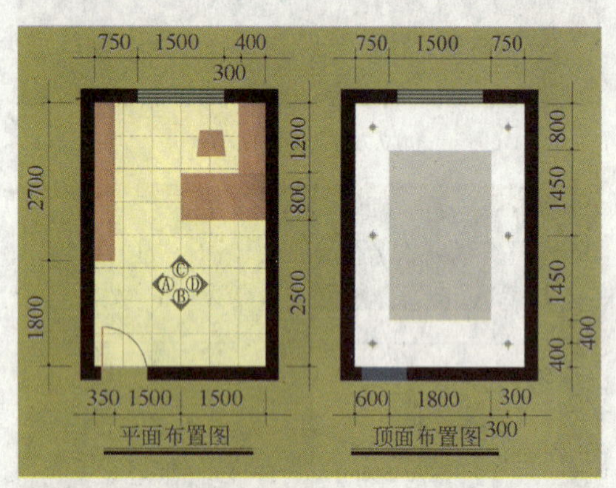

(*a*)平面布置图与顶面布置图

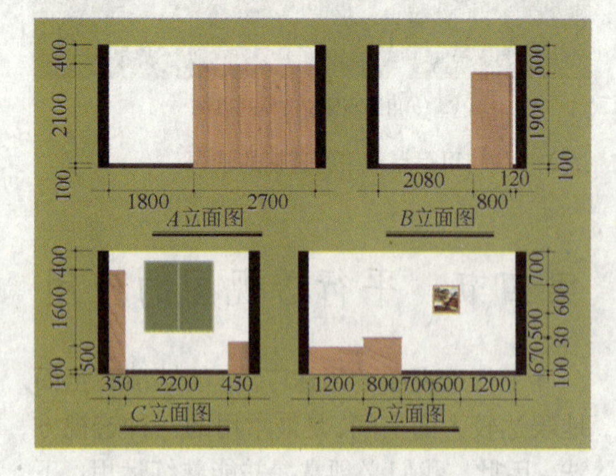

(*b*)各立面图

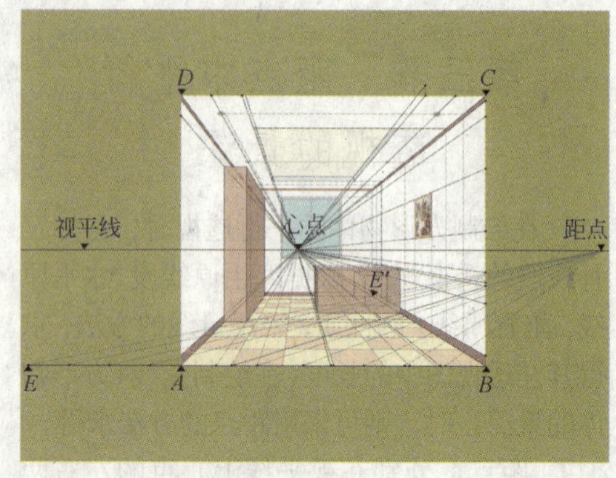

(*c*)透视作法

图2–10　平行透视作法

(6) 过*E*′作水平线，即可作出室内空间的景深。

(7) 同理，可求出室内家具等的透视。

第五节　实　例

平行透视的室外场景如图2–11。

平行透视的室内场景如图2–12、2–13、2–14。

图2–11　公园小径的平行透视

图2-12　经理办公室的平行透视

图2-13　酒店大厅的平行透视

图2-14　办公室的平行透视

第三章　方形物的余角透视

余角透视亦称二点透视，也是一种常用的透视方法，其特点是透视及画面较为生动、活泼，具有真实感。适合表现酒店、歌舞厅、休闲空间及外部建筑，也适宜表现室内的局部空间、家具的造型等。同时，二点透视也存在其弊端，消失点的位置选择不当会使透视产生变形，脱离真实感。

第一节　余角透视及其透视规律

1.余角透视的概念

放置在基面上的方形物体，如果二组竖立面均不平行于画面，这时所产生的透视，称余角透视。如图3-1。

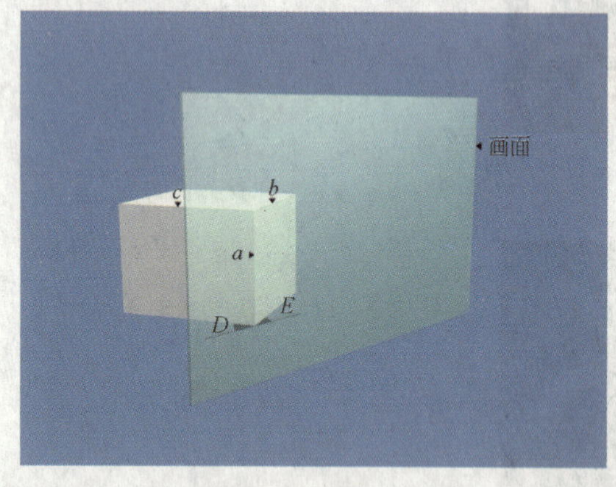

图3-1　立方体与画面的关系

2.余角透视的三种线段

方形物中，三组不同方向的棱边，如图3-1中的a组、b组、c组，方向均不相同，其关系是a组线段平行于画面，为垂直原线，透视方向保持原状即垂直；b组线段与画面不平行，并且与画面向右成E夹角，为其他角平变线，透视方向向右余点消失；c组线段与画面也不平行且与画面向左成D夹角，为其他角平变线，透视方向向左余点消失。

通过上述分析三种线段的性质及透视方向可以得出，余角透视的法则：①垂直；②向左余点；③向右余点。图3-2就是利用余角透视法则组合成的室内场景。

图3-2　餐厅的余角透视

第二节　余点位置的寻求和理解图分析

1.由目点定余点的位置

如图3-3观者在目点处观看被画物体，被画物体与画面成余角，两组边线分别与画面向左成D角，向右成E角，自目点处作平行于b、c的平行线为b'、c'，且与目线所成左夹角为D角、右夹角为E角，交视平线得左余点和右余点。

图3-4是为便于制图，将已定的空间关系转换到平面上，以视平线为转动轴，视距为半径，向下旋转至90°，这时视距仍然保

持不变，其关系为D'角等同于D角，E'角等同于E角。

根据图3-4得图3-5的平面关系。图3-6是根据图3-3的立体空间关系所作的透视图，制图是按余角透视的法则而成。

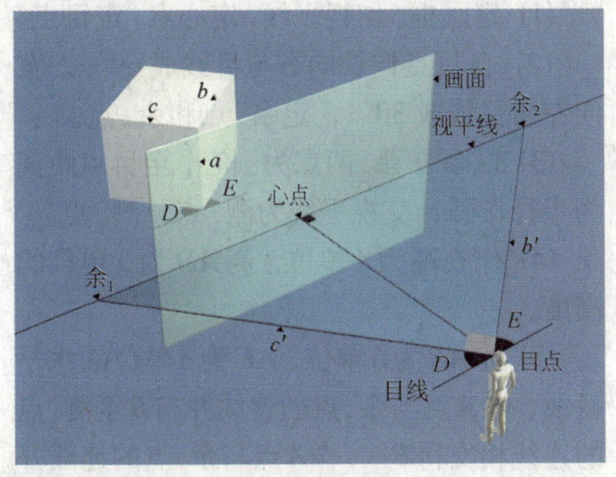

图3-3　由目点寻求余点

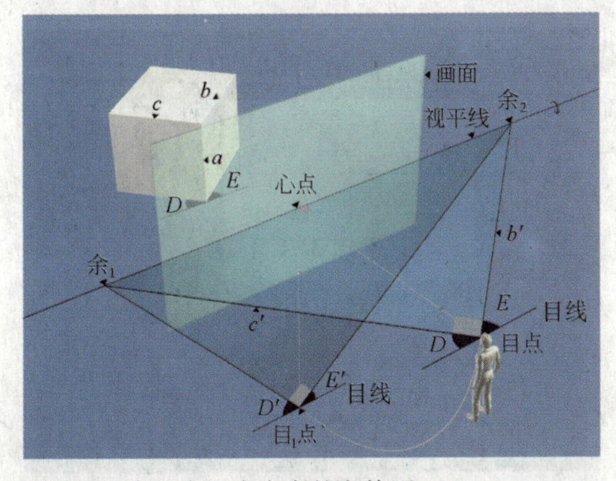

图3-4　由目点寻求余点的立体图

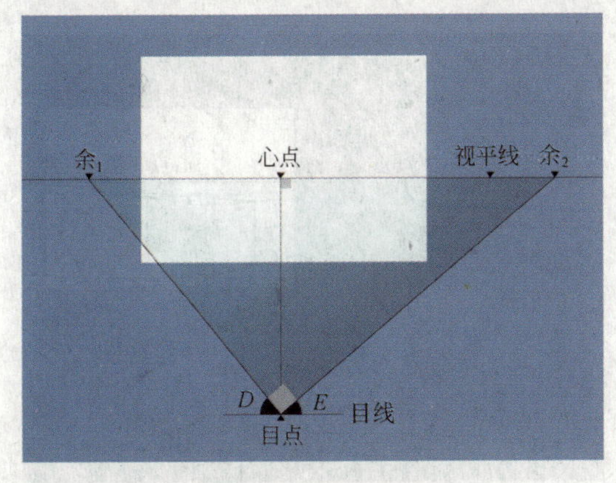

图3-5　由目点寻求余点的平面图

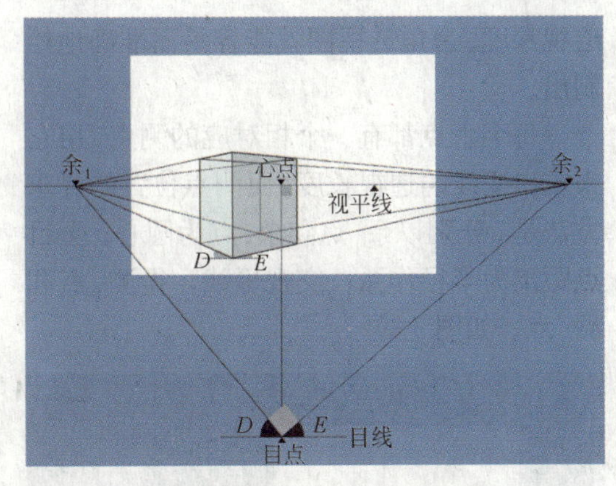

图3-6　用余点求方形物体的透视

2. 目点的位置

目点至画面的垂直距离为视距。视距过短或过长，则会出现图形变形和模糊不清的现象，因此视距与画面应保持一定的距离。通常以60°为最佳视角，目点至心点的距离为心点至画框最远角距离的1.5倍处。如图3-7。

在图3-8中根据方形物体与画面之间的实际陈放状态，自目点向视平线作AB的平行线$A'B'$和AC的平行线$A'C'$，与目线分别成E角和D角，交视平线得余$_1$点、余$_2$点，两视线所成夹角为直角。

3. 由测点定余角透视的景深

前面把余角透视的演变、转换、余点位置的寻求方法等及透视法则，都已做了详细的介绍。我们只要求出二条其他角平变线的

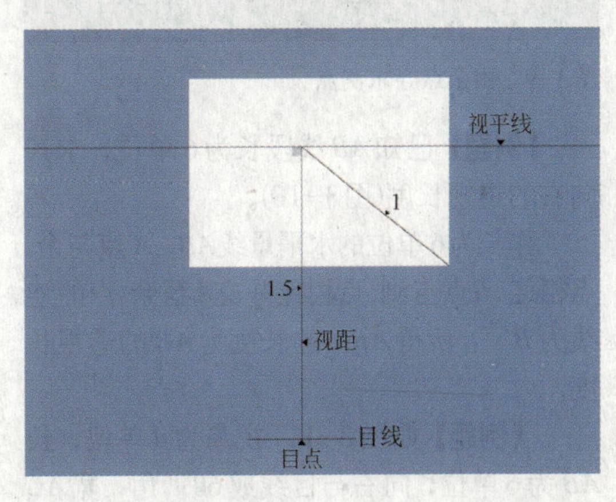

图3-7　目点的位置

透视深度，余角透视图就能容易而准确地绘制出。

每个余点都有一个相对应的测点，用它来求出变线的透视长度。而测点位置的寻求方法是，分别以余$_1$点和余$_2$点为圆心，至目点距离为半径作弧，交视平线，得测$_1$点和测$_2$点。如图3–9

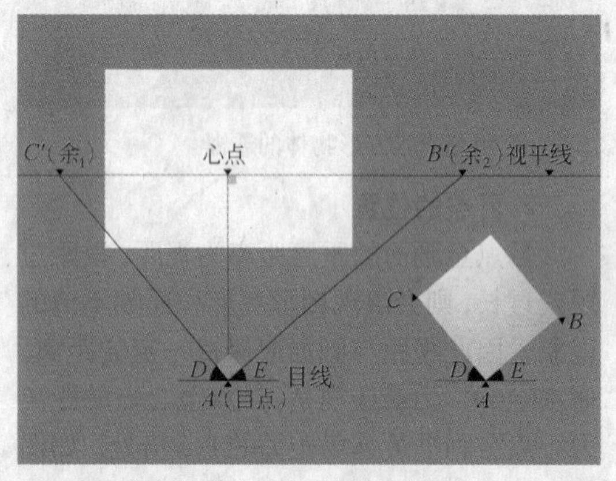

图3–8 余点的确定

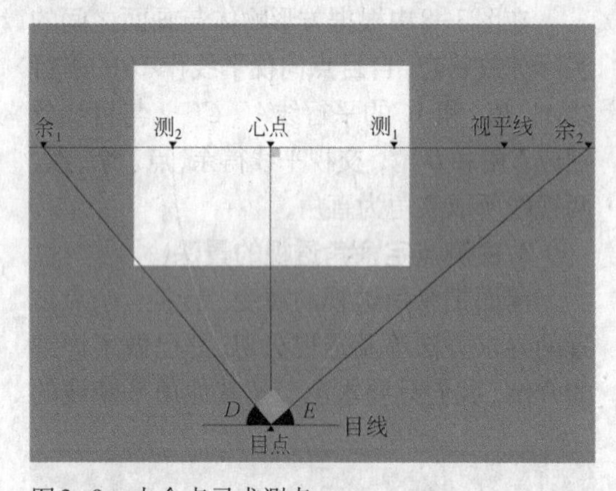

图3–9 由余点寻求测点

【例题】已知AB线段长为6单位，求其向右的透视长度(图3–10)。

作长为6单位的水平量线AB，A点与余$_2$点相连，B点与测$_2$点相连并交A至余$_2$点的连线为B'，所得AB'的长度为AB的透视长度。

【例题】如图3–11，视高为4单位，长AB为6单位，向右与目线成60°角，宽AC为3单位，向左与目线成30°角，高AD为3单位。

分析：根据已知条件，长向右60°，宽向左30°为其他角平变线，得余$_1$点、余$_2$点，高为垂直原线平行于画面，视高为4单位。

作图步骤如下：

(1) 定画框，作视平线，定心点，定目点。

(2) 自目点作长向右与目线成60°，宽向左与目线成30°，定余$_1$点和余$_2$点。

(3) 以余$_1$、余$_2$两点为圆心，至目点距离为半径作弧，交视平线为测$_1$点、测$_2$点。

(4) 作视高为4单位，高AD为3单位的高度。

(5) 作AB为6单位，AC为3单位的水平量线，作A点与余$_2$点的连线并与B至测$_2$点的连线相交得B'，作A点与余$_1$点的连线并与C点至测$_1$点的连线相交得C'，求得长

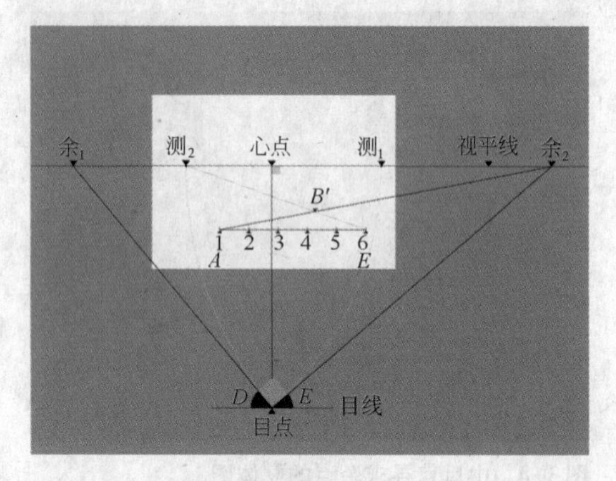

图3–10 由测点寻求景深

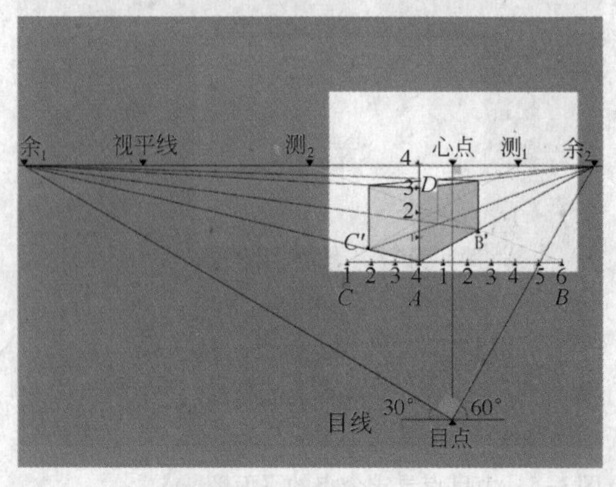

图3–11 方形物体的作图方法

宽二变线的透视长度。

(6) 按透视法则：垂直；向余$_1$点；向余$_2$点，即可完成制图。

第三节　余角透视的三种状态

在余角透视中，不管透视怎样变化，归纳起来，总不外乎三种状态，即微动状态；对等状态；一般状态。掌握这三种状态透视，有利于快速表达设计的构思，能较准确地画出空间的透视关系。

1.微动状态

就是在平行透视的情况下，将物体略微地转动，两竖立面，在透视图中形成一面很大，一面很小，两余点关系是，一个余点在画框以内，另一个余点在2倍的距点之处。如图3-12。

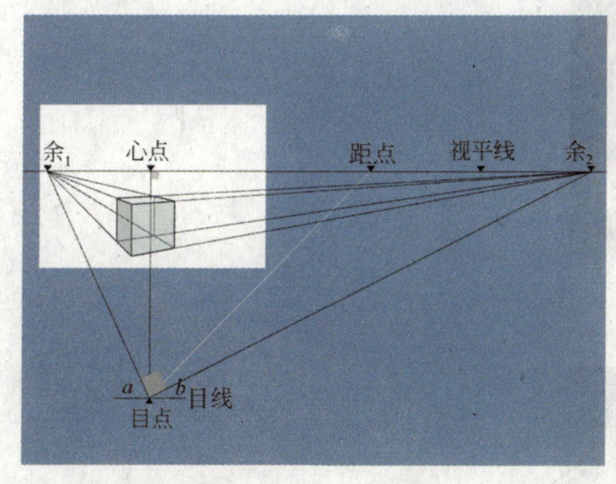

图3-12　微动状态

2.对等状态

也称之特殊状态，两竖立面与画面所成的角度相等，均为45°，两个余点正好落在二距点处。如图3-13。

3.一般状态

在对等状态情况下，再稍略转动，两竖立面对画面的夹角一边略大，一边略小，一余点在距点内不远处，另一余点在距点外不远处。如图3-14。

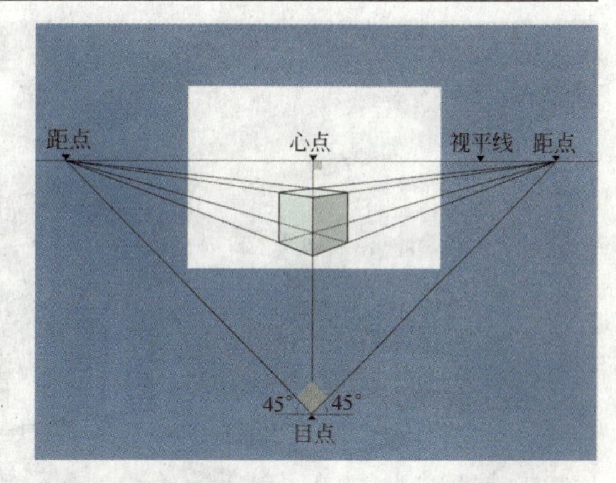

图3-13　对等状态

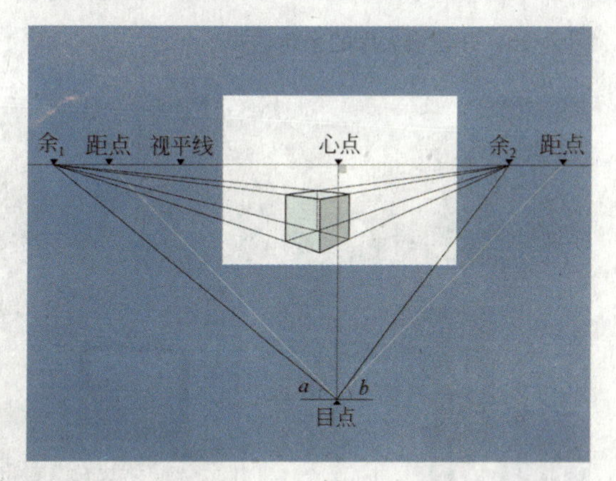

图3-14　一般状态

第四节　实　例

余角透视的室外场景如图3-15。

余角透视的室内场景如图3-16～18。

图3-15　别墅外观的余角透视

图3-16　办公楼大厅的余角透视

图3-17　居室客厅的余角透视

图3-18　居室书房的余角透视

第四章　斜面透视

斜面在我们生活中遇到的很多,它与人们的活动紧密联系在一起，例如楼梯、桥梁、坡屋顶、自动电梯、斜挂的镜框等。那么斜面透视图如何来绘制呢？只有掌握斜面透视的规律，理解图的转换，才能绘制斜面透视图。

第一节　斜面透视的类型

斜面透视可分为二大类：一类为平行斜面透视；另一类为余角斜面透视。而平行斜面透视又可分为平行上斜斜面透视与平行下斜斜面透视。余角斜面透视，同样也可分为余角上斜斜面透视和余角下斜斜面透视。

第二节　平行斜面透视

在图4−1中，斜面的底迹面平行于画面，平边底迹线为水平原线。斜边底迹线为直角平变线，其中斜边为上斜变线，斜面近端低，远端高，称平行上斜斜面透视。在图4−2中，斜边为下斜变线，斜面近端高，远端低，称平行下斜斜面透视。

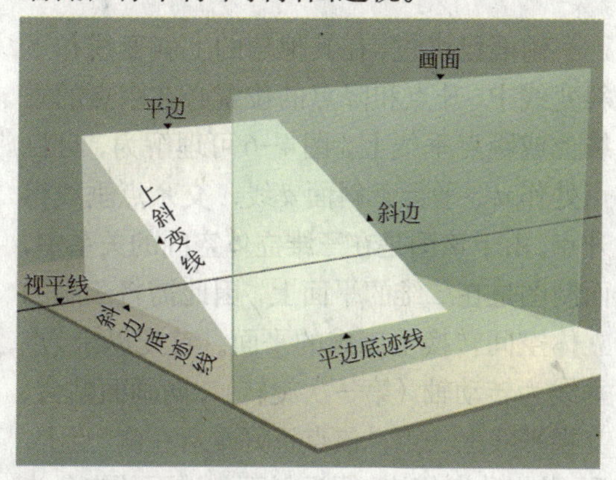

图4−1　斜面的术语

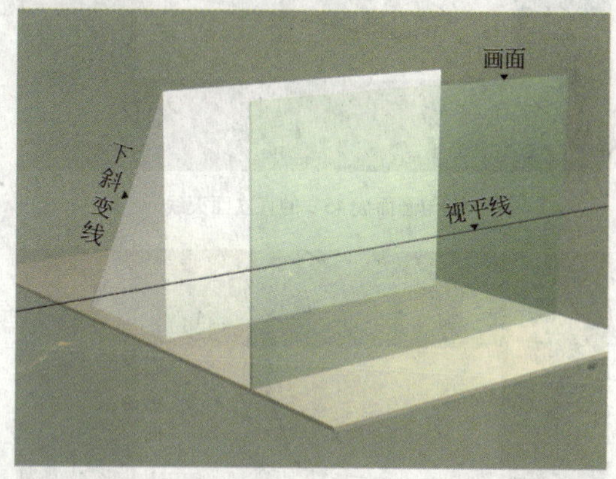

图4−2 平行下斜斜面

第三节　灭线的关系

透视中有平视、俯视、仰视、全俯视等几种状态。当平视时，水平面的灭线在视平线上，而直立面的灭线出现以下三种情形：

(1) 垂直于画面的直立面灭线,必通过心点的垂线（在这条垂线上寻找升点、降点的位置）。如图4−3(*a*)。

(2) 画面45° 的直立面灭线，是通过距点的垂线（这是一种特殊的情况）。如图4−3(*b*)。

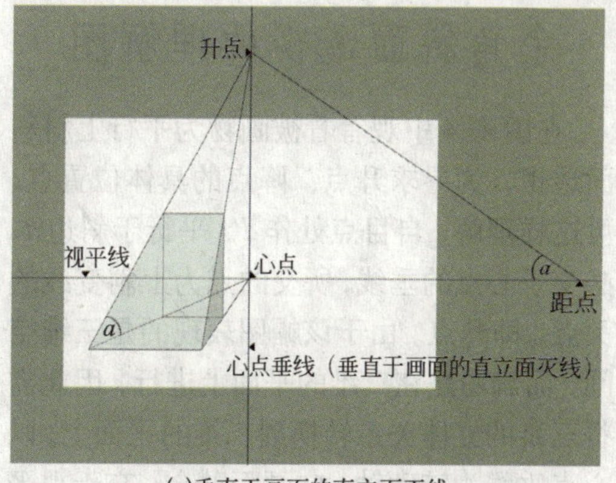

(*a*)垂直于画面的直立面灭线

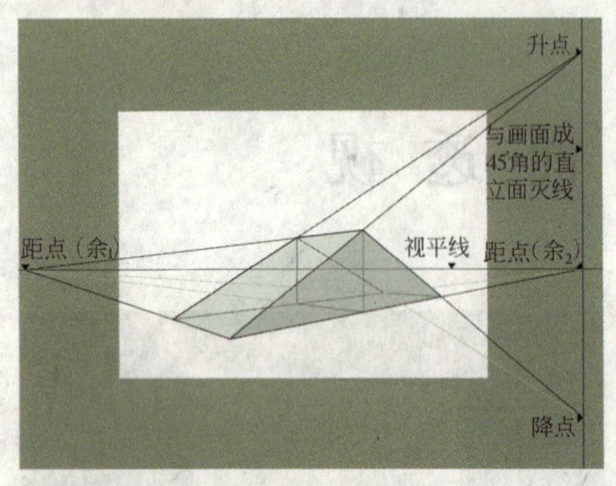

(*b*)与画面成 45° 的直立面灭线

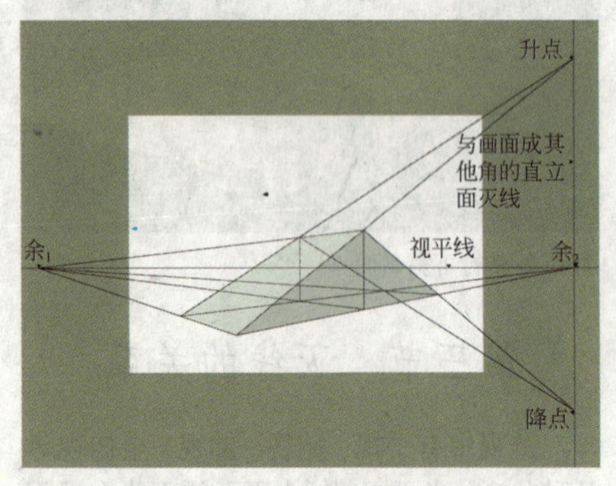

(*c*)与画面成其他角的直立面灭线

图4-3 直立面灭线

（3）与画面成其他角的直立面的灭线，必通过余点的垂线（这种情况是在余角透视中产生）。如图4-3(*c*)。

第四节 平行斜面透视和余角斜面透视的理解图

在图4-4中观者看被画物为平行上斜斜面透视，为寻求升点、降点的具体位置点，可这样理解，自目点处作*d*′ 平行于斜边*d*，必交于心点的垂线，所交的点为上斜变线的灭点，即升点。由于该幅图表现的是三维空间，而制图是在二维的平面上进行，因此需将三维的立体关系转换到二维的平面上。以心点垂线为转动轴，向画面贴合，交于视平线上一点，该点与距点重合，说明视距仍然保持不变，此距点直接与升点相连。假设斜面与地面夹角为*a*角，中视线与目点至升点的夹角也为*a*角，所以距点至升点连线与视平线的夹角同样为*a*角。由此得二维的图，如图4-5。

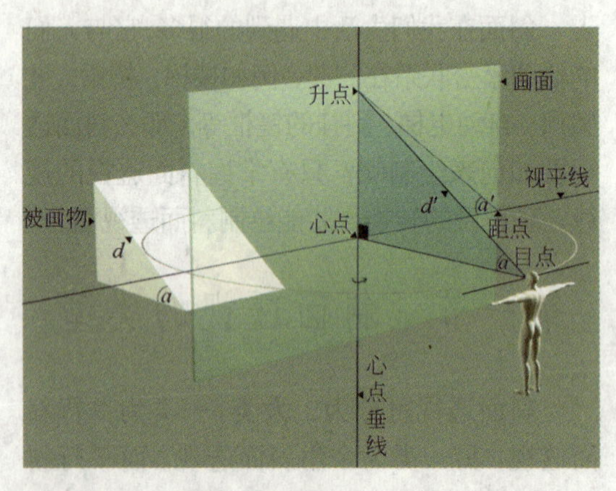

图4-4 平行斜面升点、降点的寻求

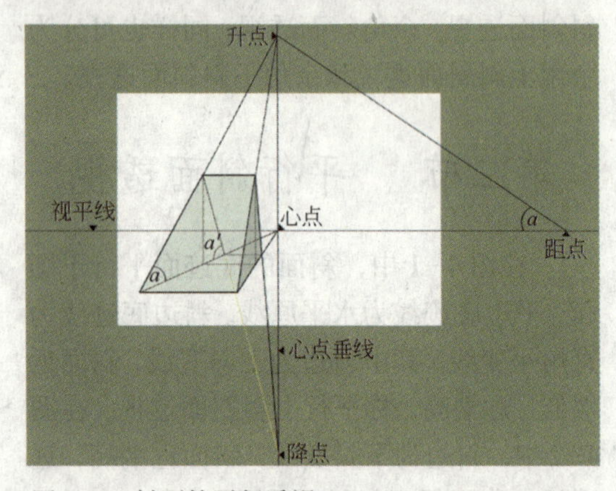

图4-5 斜面的平行透视

前面已讲过，在其他角的上斜变线和下斜变线中，升点和降点的位置必在余点的垂线上或距点垂线上。图4-6可理解为，自目点处作*d*′ 平行于斜面*d*线，交余点垂线得升点。由于该图是在三维立体空间的关系中，而制图是在二维的平面上，因此需将三维的立体空间转换至二维的平面。首先以余$_1$点垂线为转动轴（第一次旋转），向画面贴合，交视平线上一点，该点正好重合在测$_1$点上，测$_1$点与升点相连。假设斜面与地面的夹角为

a角，则测$_1$点至升点的连线与视平线的夹角也为a角。其次以视平线为转动轴（第二次旋转），由目点转移到目$_1$点，则视距保持不变。余$_1$自目$_1$点的连线与目线$_1$的夹角也为b角，余$_2$至目$_1$点的连线与目线$_1$的夹角也为c角，由此转变成二维图形，如图4–7。

寻求余角下斜斜面透视的降点，由上斜变线（在视平线上方）颠倒改变为下斜变线（在视平线下方），在测点处作余角下斜斜面的已知a角，交余点的垂线为降点。如图4–8所示。

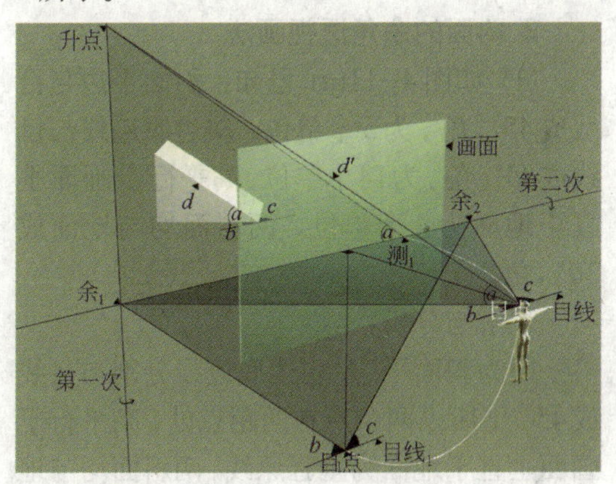

图4–6　余角斜面升点、降点的寻求

第五节　斜面透视的画法及透视规律

1.平行斜面的透视画法

(1) 斜面的平边平行于画面，斜面斜线为上斜变线的画法

【例题】已知：宽平行于画面，为4个单位，长向上倾斜与基面成60°角，为6个单位，高下斜30°角，为2个单位。

理解与分析：

根据已知条件，宽平行于画面为水平原线，保持原状没有灭点，长为上斜变线，高为下斜变线，分别向升点、降点消失。

作图步骤如下（图4–9）：

1) 定画框、视距、视平线、心点、距点、

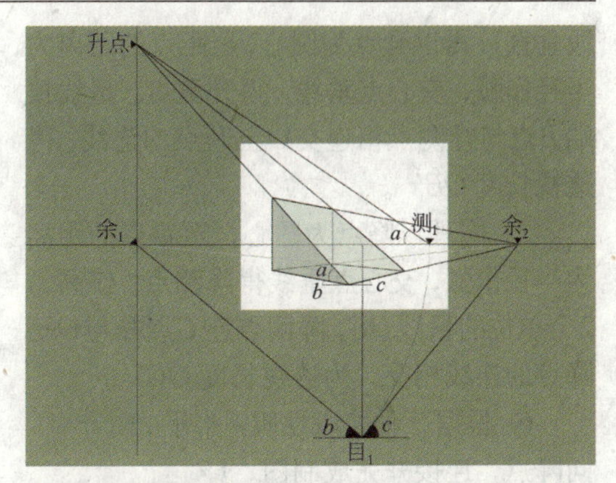

图4–7　上斜斜面的余角透视

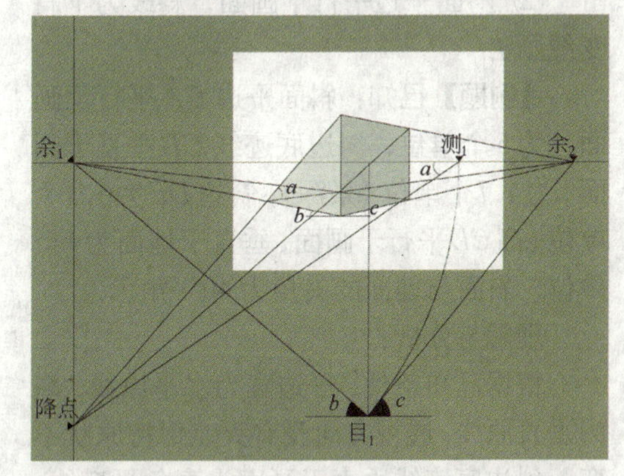

图4–8　下斜斜面的余角透视

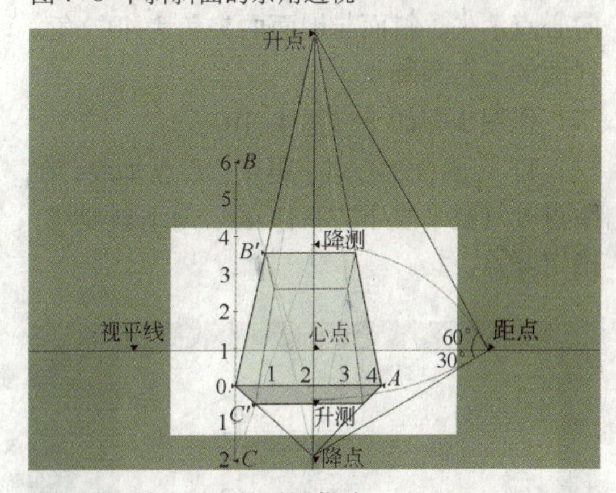

图4–9　平行斜面的透视作法

心点垂线。

2) 在距点处视平线的上方作已知角与视平线成60°角，定升点、降点。

3) 作宽为4个单位的水平原线OA。

4) 作长为6个单位的量线OB及高为2个单位的量线OC（垂直量线必须与OA线

段垂直)，再以升点为圆心，至距点的距离为半径作弧，交心点垂线，得升测点。量线顶端B点与升测点相连交O至升点的连线，得透视长度OB'。

5) 同理以降点为圆心，至距点的距离为半径作弧，交心点垂线得降测点。作高为2个单位的量线OC，降测点连C点并与O至降点的连线相交，为透视长度OC'。

6) 根据三种线段性质：水平，向升点，向降点，连接并完成制图。

(2) 斜面平边平行于画面，斜线为下斜变线画法

【例题】 已知：斜面平边CA平行于画面，为5个单位，斜边底迹线CB垂直于画面，为4.7个单位(景深)，斜边DE为6.3个单位，高CD平行于画面，垂直于地面为4个单位，斜面与地面的夹角为40°角。

理解与分析：

根据已知条件，平边宽为水平原线，高为垂直原线，透视方向没有灭点保持原状不变。斜边底迹线垂直于画面为直角平变线，向心点消失。斜面与地面的夹角为40°角。斜面的灭点为降点。

作图步骤如下(图4-10)：

1) 定画框、心点、距点、心点垂线，在距点处(视平线下方)作40°角下斜变线，确定降点。

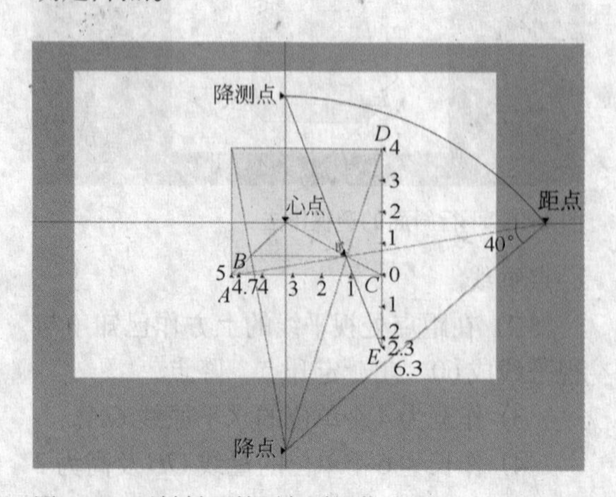

图4-10 下斜斜面的平行透视作法

2) 作宽CA为5个单位水平原线。

3) 作直角平变线的量线CB(景深)为4.7个单位，与距点相连。相交于C至心点的连线，得CB'。

4) 求下斜变线，作量线DE为6.3个单位，连接D和降点，再以降点为圆心，至距点距离为半径作弧，交心点垂线为降测点，E与降测点相连，交D至降点的连线，求出透视DB'。

5) 根据透视法则：水平，垂直，向降点，连接各线并完成制图。

2.斜面的余角透视画法

(1) 如图4-11(a)，已知：斜面平边与目线成45°角，为5个单位，斜边底迹线与目线成45°角，为14个单位，高平行于画面垂直于地面为4个单位，两斜面均与地面成30°角。

理解与分析：

因为斜面平边、斜边底迹线分别与目线成45°，所以两余点在两距点处，高平行于画面垂直于地面为垂直原线，两斜面均与地面成30°，灭点在余点垂线上。

作图步骤如图4-11b：

1) 定画框、视平线、目点、余$_1$点、余$_2$点及测$_1$点、测$_2$点。

2) 作余$_1$点垂线，由测$_1$点处分别作向上、向下30°角，定升点、降点。

3) 作斜面平边为5个单位的量线OA，斜边底迹线为14个单位的量线OB及OB的中点D，通过测$_1$测$_2$点，求出透视OA'、OB'及OD'。

4) 由O点处作高为4个单位的量线OC(垂直于AB的量线)，C点与余$_1$点相连，并和过D'的垂线相交，得C'。

5) C'与降点相连，求得下斜变线的透视。

6) 按透视法则：垂直，向升点，向降点，完成作图。

(2) 已知：高长迹线与画面成40°角，高下斜55°，长上斜35°，宽平行地面，与画面成50°角，长 OB 为4个单位，高 OC 为2个单位，宽 OA 为3个单位。

理解与分析：

高长迹线，指日光自正上方照射在长方形上，物体倾斜后在水平地面上的投影。长方体倾斜后，长为上斜变线，向升点消失，宽与地面相切，为其他角平变线，向灭点、余$_2$点消失，高为下斜变线，向降点消失。

作图步骤如下（图4-12）：

1) 定画框、视平线与目点。

2) 自目点向右作线段并与目线成40°角，向左作线段并与目线成50°角，定出余$_1$、余$_2$及测$_1$、测$_2$点。

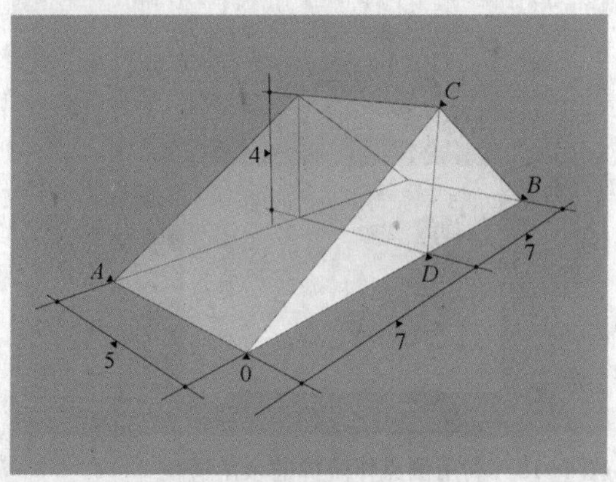

(a)斜面模型

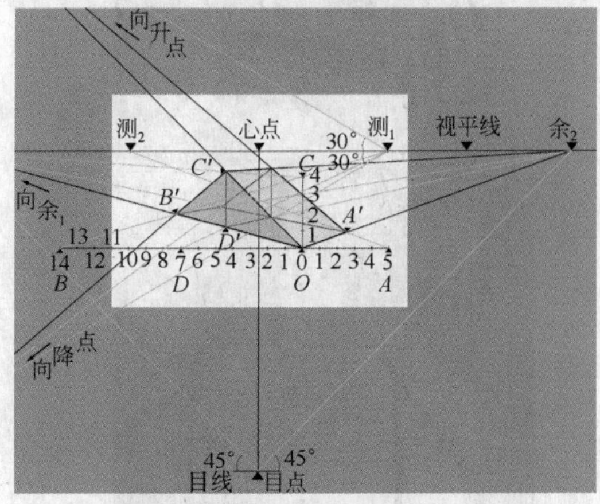

(b) 斜面的余角透视作法

图4-11　斜面透视

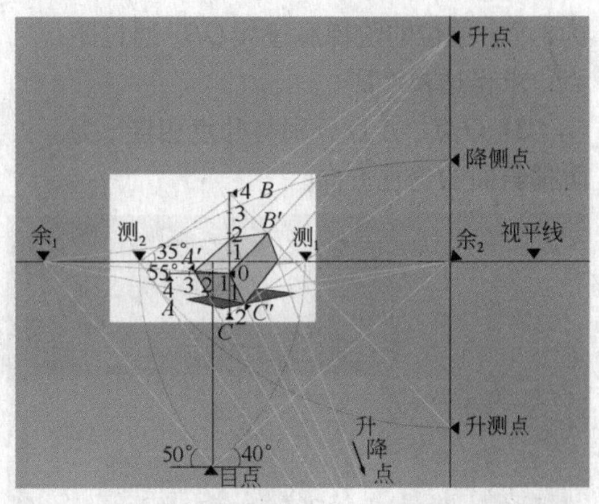

图4-12　斜面的余角透视作法

3) 自测$_2$点作上斜变线与视平线成35°角及下斜变线与视平线成55°角，确定升点、降点。

4) 作宽为3个单位的量线 OA，通过测$_1$点，求得透视 OA'。

5) 分别以升点、降点为圆心，至测$_2$点距离为半径作弧，交余$_2$点的垂线得升测点、降测点，作长为4个单位的量线 OB，高为2个单位的量线 OC，并通过升测点、降测点，求得透视长度 OB'、OC'。

6) 迹线透视：根据透视方向分别向余$_1$、余$_2$点连接而成。（将在阴影透视中具体讲解，这里不作具体要求）。

第六节　阶梯的画法

阶梯的高低要符合人体工程学，适应人的运动规律，楼梯倾斜度不宜过大或过小，一般在20°至40°之间，最佳倾斜度为30°。

1.阶梯的平行透视画法

已知：楼梯与地面成30°角，台阶为5级（每级高度为1个单位，宽为10个单位。阶梯底迹线深为8.7个单位）。

作图步骤如下（图4-13）：

1) 自距点(在视平线上方)作与视平线成30°角的上斜变线，交于心点垂线为升点。

2) 作宽为10个单位的水平原线 OA，深为8.7个单位的阶梯底迹线OB。通过距点，求得透视OB'。

3）O点、A点分别与升点相连，为阶梯斜面的透视方向。

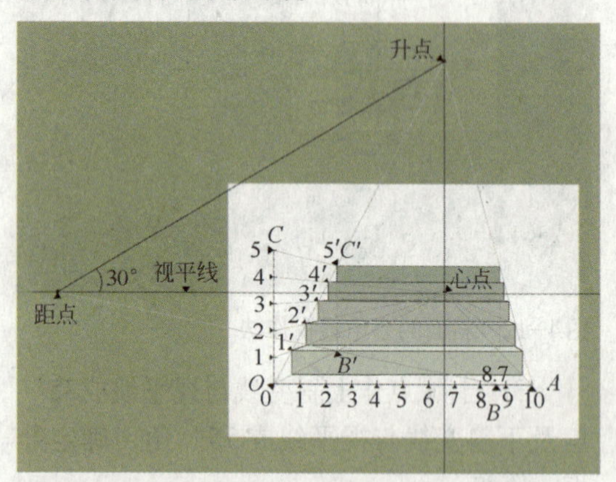

图4-13　平行阶梯的作法

4）自O点处作长为5个单位的量线OC，分别将量线上各点与心点相连，交阶梯上斜变线得OC'及1′、2′、3′、4′、5′各点。

5）根据平行透视法则：水平、垂直、向心点，作出透视。即可完成制图。

2.阶梯的余角透视画法

(1) 通过对角作2、4、8、16等分的画法

如图4-14，已知$ABCD$透视斜面，通过对角①号线求得$ABCD$透视斜面的中点E点，同样利用对角线求得②号线透视斜面中点F、③号线透视斜面中点G。再由各透视斜面的中点向余$_1$点消失，并与AB、CD斜边相交，然后按余角透视法则完成透视制图。(同理，可求得8、16等分的画法)。

(2) 楼梯与地面成35°角，阶梯为5级的画法

如图4-15，在测点处作与视平线成35°角的线并与余$_1$点的垂线相交。作AB为5级阶梯量线。向余$_1$点消失并延长与上斜变线相交，得1′、2′、3′、4′。各点与余$_2$点相连，按余角透视法则：①垂直、②向余$_1$点、③向余$_2$点，完成制图。

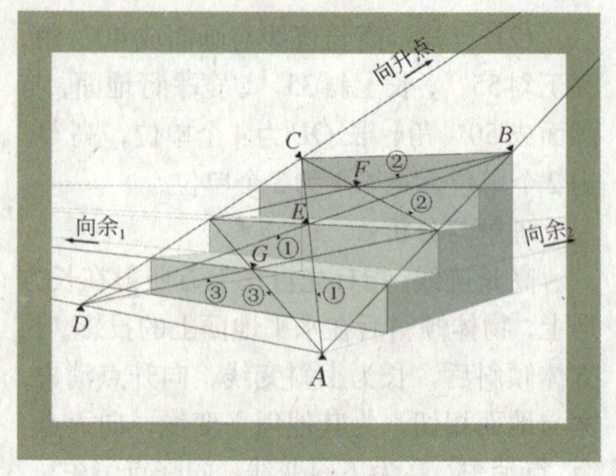

图4-14　利用对角线作阶梯的余角透视

第七节　实例

上、下斜斜面的透视如图4-15、4-16。

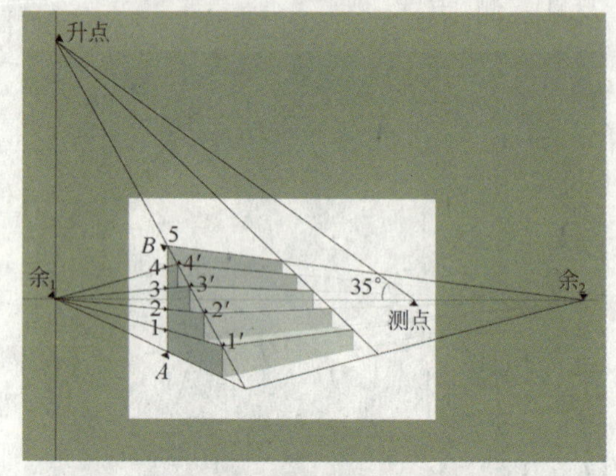

图4-15　利用测点作阶梯的余角透视

图4-16　上斜斜面在实际中的运用

图4-17 下斜斜面在实际中的运用

第五章　方形物的俯视和仰视

在第一章里介绍了透视的四种状态。平视时，中视线垂直于画面，视平线与地平线相重合，画面垂直于地面。而俯视和仰视则是画面倾斜于地面，中视线仍然垂直于画面，视平线横贯画面中央，如图5−1、5−2。平视时的垂直原线，在俯视和仰视中则成为上斜变线或下斜变线，透视特点形成了上面大下面小（俯视），和上面小下面大（仰视）的现象。

第一节　正俯视和正仰视

正俯视和正仰视是俯视和仰视中的一种特殊现象，其特点是中视线垂直于画面和地面，画面平行于地面，被画方形物三组边线关系是两组边线平行于画面，为水平原线和垂直原线，另一组垂直于画面为直角平变线，向心点消失。这种透视也属平行透视。如图5−3、5−4。

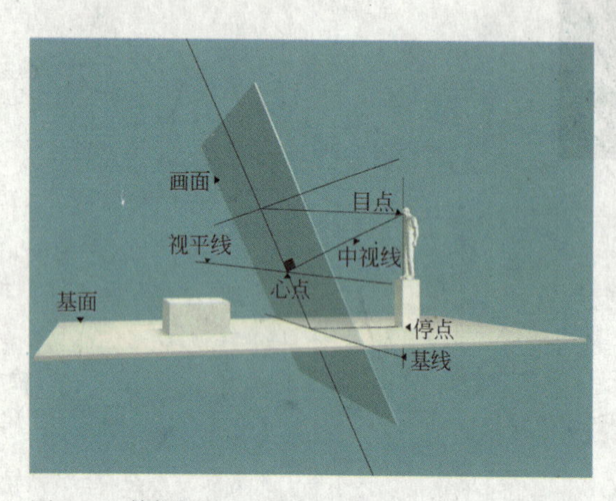

图5−1　俯视图

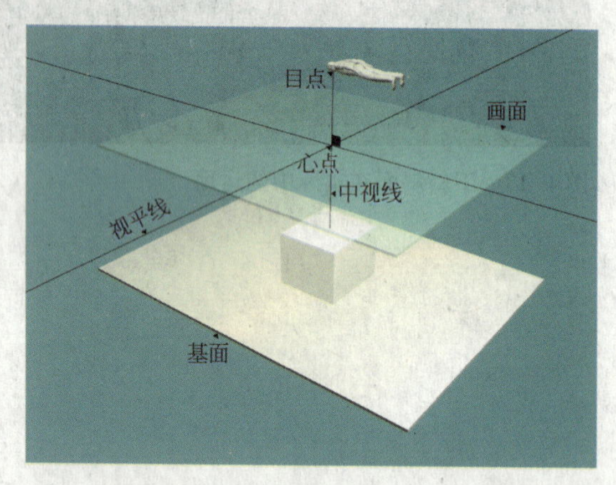

图5−3　正俯视图

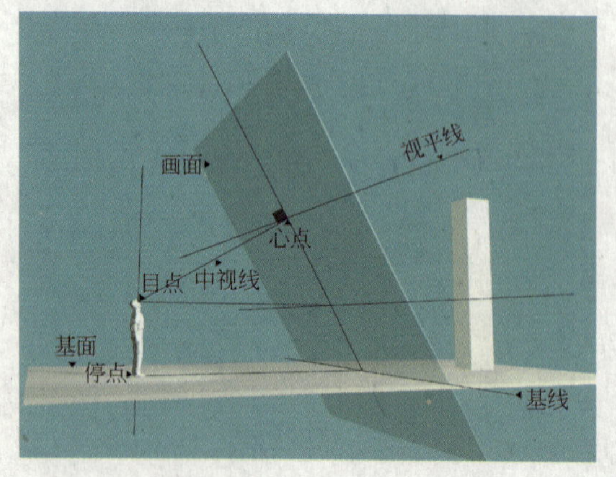

图5−2　仰视图

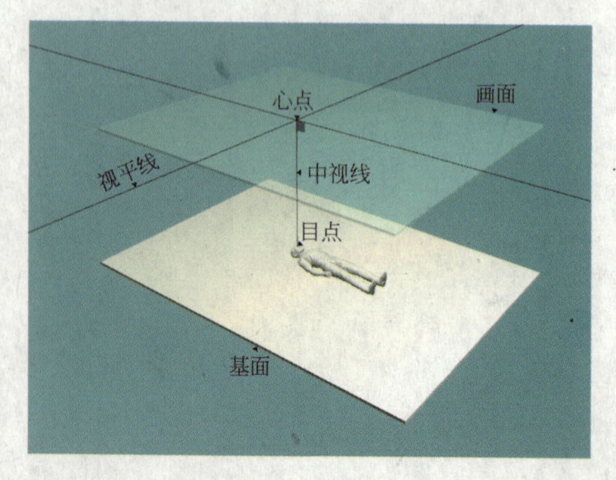

图5−4　正仰视图

第二节 平行俯视和平行仰视

被画物体，一组平边平行于画面和基面，另一组垂直于基面，画面与基面倾斜，中视线垂直于画面，地平线在视平线上方，称平行俯视。如图5–5，地平线在视平线下方称平行仰视。

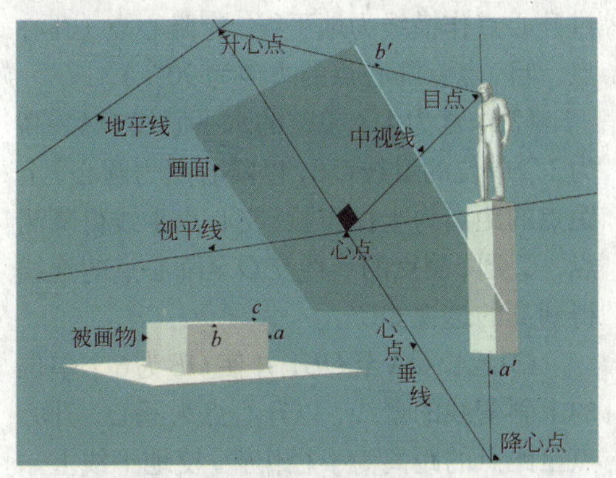

(*a*)平行俯视的理解图

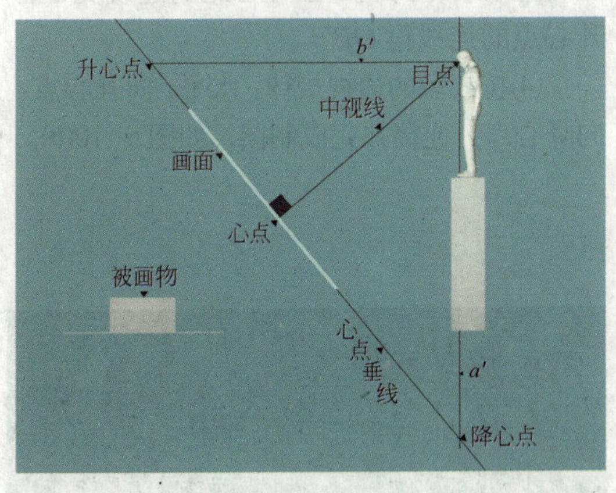

(*b*)平行俯视侧面图

图5–5 平行俯视

1.平行俯视和平行仰视理解图

在图5–5中，人由上往下看物体，物体*a*、*b*、*c*三组边线，其中*a*组线垂直于地面，b组线平行于地面倾斜于画面，*c*组线平行于地面和画面。首先由目点处作平行于*a*组的线段为*a*′ 并交心点垂线为降心点；其次，再由目点处作平行于*b*组的线段为*b*′ 并交心点垂线为升心点。过升心点作平行于视平线的线为地平线。升心点、目点与降心点之间的夹角为90°。

将三维的立体空间关系，如图5–6，转换到二维的平面形式，如图5–7。以心点垂线为转动轴，向画面左边贴合，交视平线上一点，该点正好与距点相重合称目$_1$点，这说明了视距仍然保持不变，由该距点分别与升心点、降心点相连。

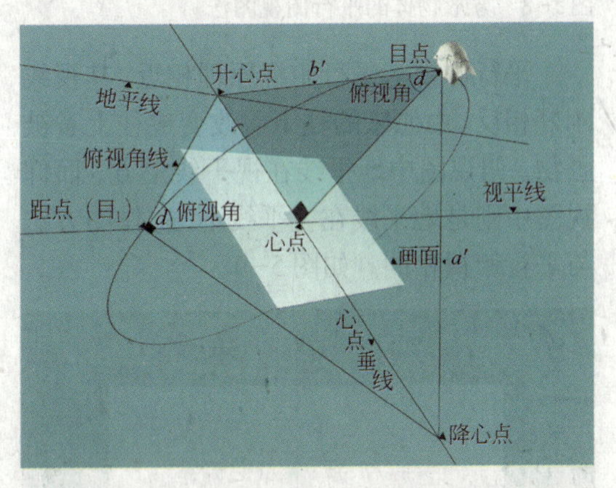

图5–6 寻求平行俯视各灭点的立体图

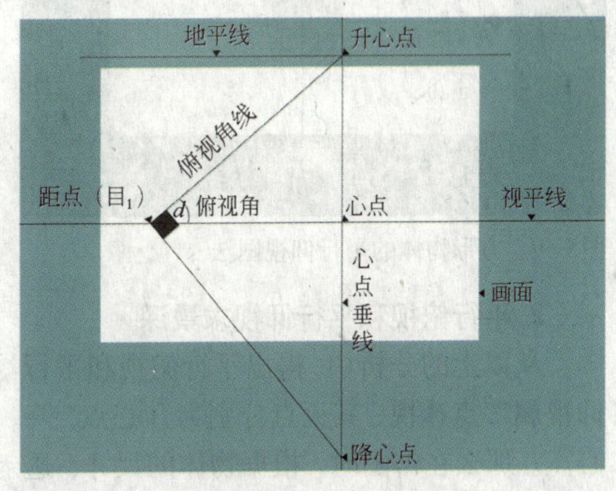

图5–7 寻求平行俯视各灭点的平面图

假设俯视角为*d*角，距点至升心点的连线为俯视角线，视平线和距点至升心点的连线所成的夹角，同样也为*d*角。根据平行俯视三线段的透视规律：水平；向升心点；向降心点，得图5–8。

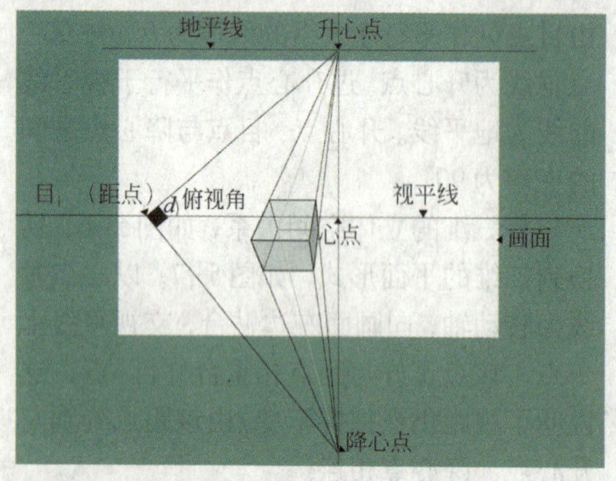

图5-8 方形物体的平行俯视图法

平行仰视与平行俯视原理相近，其视线刚好相反，由原来的往下看改变成往上看被画物。俯视图中地平线在视平线上方，而仰视图中则是地平线在视平线下方。作图方法与平行俯视相同。如图5-9。

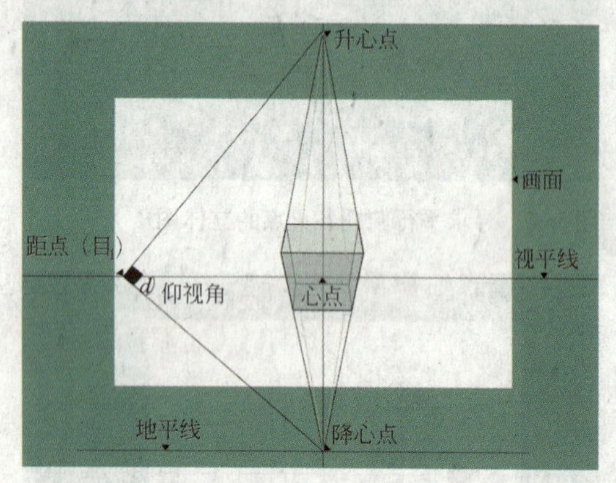

图5-9 方形物体的平行仰视图法

2.平行俯视和平行仰视求景深

从以上的分析中，得出平行俯视和平行仰视属二点透视，其灭点分别为升心点、降心点。那么在作图时，根据物体的尺寸、透视的方向及平行俯视与平行仰视的透视原理，可以准确地作出二条变线的透视长度。

【例题】已知：人观看平置在地面上的被画物长方体，俯视角为38°，高OC为2个单位，宽OA为4个单位，长OB为6个单位。如图5-10(a)。

理解与分析：

俯视角为38°，被画方形物体的陈放状态为水平方向。在平行俯视中，画面倾斜于地面，高、长分别为下斜变线和上斜变线，灭点为降心点和升心点，宽平行于基线为水平原线。

作图步骤如下：

(1)自目点（距点）处作已知与视平线成38°的夹角，并与心点垂线相交得升心点，过升心点作横线为地平线。定降心点（升心点、$目_1$点、降心点的夹角为90°）。

(2)作宽为4个单位的水平原线OA，高为2个单位的量线OC，以降心点为圆心，至距点的距离为半径作弧，交心点垂线得降测点，C至降测点的连线交O至降心点的连线得到高的透视OC'。

(3)延长OA至OB，并使OB为6个单位的上斜变线的量线，以升心点为圆心，升心点至距点的距离为半径作弧，交地平线上一点，该点为升心距。B至升心距的连线交O至升心点的连线得OB'。

(4)按线段的透视规律：水平；向升心点；向降心点，连接并完成制图。如图5-10(b)。

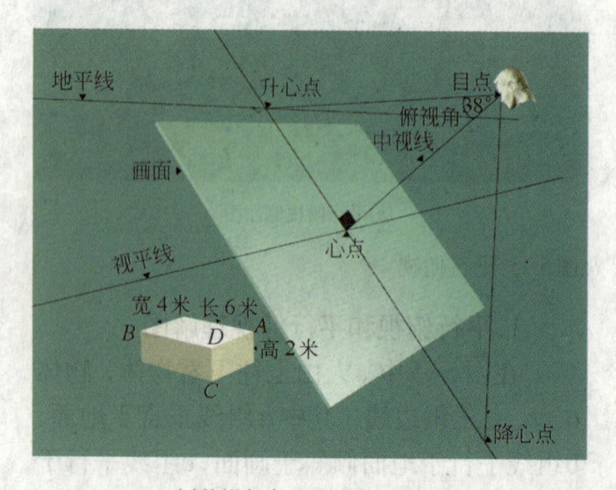

(a)俯视角为38°的平行俯视

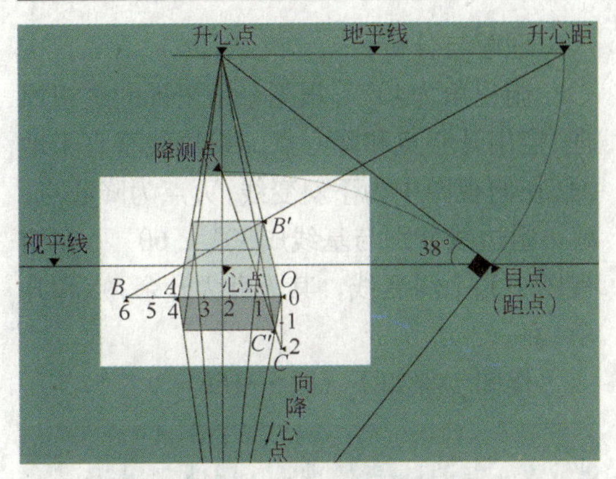

(b)俯视角为38°的平行俯视作图法

图5-10　平行俯视作法

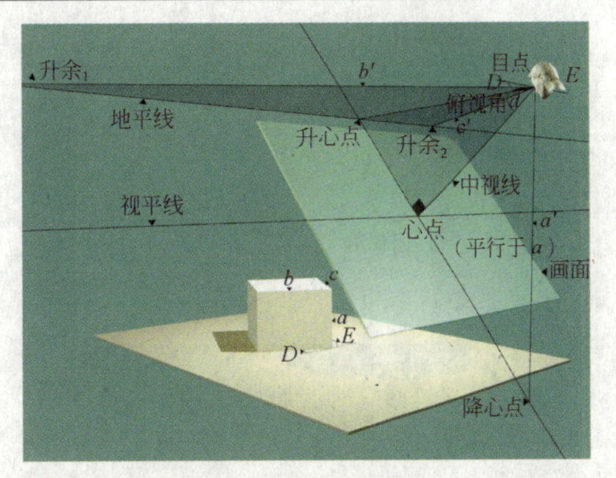

图5-11　由目点寻求余角俯视灭点

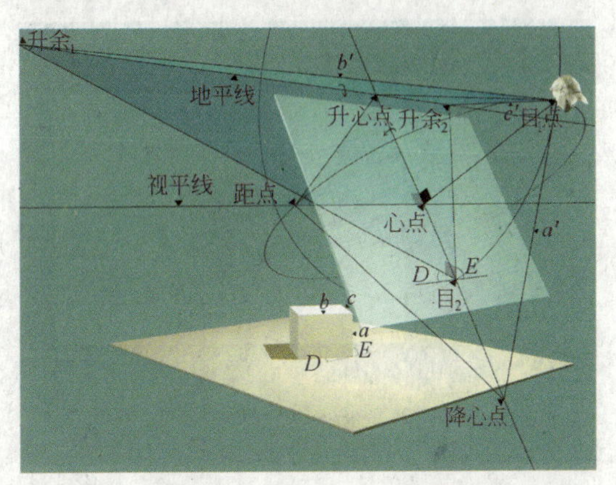

图5-12　寻求余角俯视各灭点的立体图

第三节　余角俯视和余角仰视

立方体三组边线a、b、c均不平行于画面和基线，并且与基线成某一夹角，这时所产生的透视现象为余角俯视和余角仰视。

1.余角俯视和余角仰视理解图

如图5-11，观者由上往下观看被画物立方体。俯视角为d角，立方体的a组边线垂直于地面，b、c组边线分别平行于地面，且b组边线和基线成D夹角，c组边线和基线成E夹角。自目点作已知与视平线成d的俯视角，并交心点垂线得升心点，过升心点作平行于视平线的线为地平线，同样，自目点处作a组边线的平行线为a'，交心点垂线得降心点。作b组边线的平行线为b'，交地平线得升余$_1$点，作c组边线的平行线为c'，交地平线得升余$_2$点。

将图5-11转换至图5-12时，在第一次转动中，以心点垂线为转动轴向画面贴合，交视平线上一点，该点正好与距点相重合称目$_1$点。说明其视距、俯视角仍不变。在第二次转动时，以地平线为转动轴向下旋转，交心点垂线为目$_2$点。

由图5-12的三维空间关系转换到二维形式的图5-13，根据余角俯视的线段透视规律：向升余$_1$点；向升余$_2$点；向降心点，完成透视图。形成透视的特点为上大下小。如图5-14。

余角仰视与余角俯视原理相近，其视线刚好相反，由视平线上方的俯视角（d角），改变为在视平线下方的仰视角（d角），地平线也同样由视平线的上方改变为在视平线的下方。作图方法与余角俯视相同：向降余$_1$点；向降余$_2$点；向升心点，完成透视图。形成透视的特点为上小下大。如图5-15。

2.由升测点、降测点定余角俯视和余角仰视物体的景深

从以上分析图中得出余角俯视和余角仰视有三个灭点，属三点透视。在余角俯视和余角仰视中，三条变线的透视长度是通过每

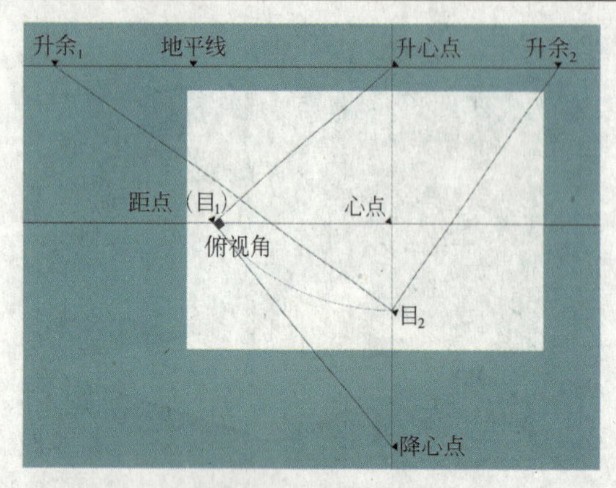

图5-13 寻求余角俯视各灭点的平面图

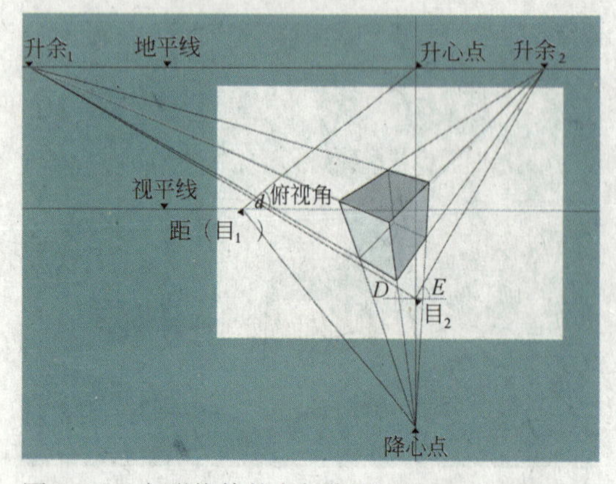

图5-14 方形物体的余角俯视图法

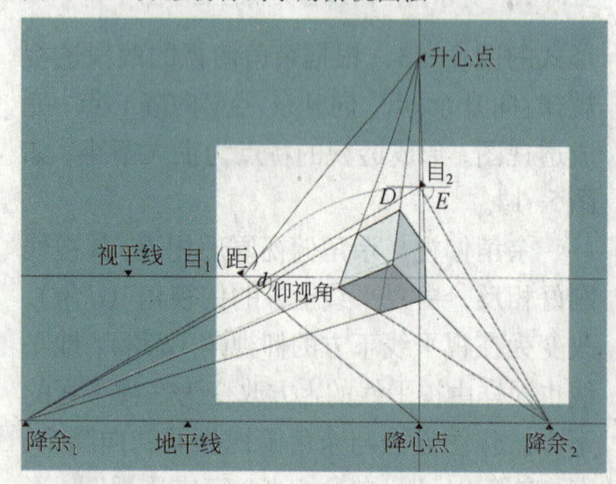

图5-15 方形物体的余角仰视图法

条变线上各自的测点，来求得物体的景深。

【例题】已知：人由上往下观看平置于地面的长方体，俯视角为40°角，高a组边线OC为2个单位，宽b组边线OA为4个单位，长c组边线OB为5个单位，余角角度为30°和60°。如图5-16(a)。

理解与分析：

俯视角为40°，根据余角俯视的透视原理，定出升心点和降心点。a组边线垂直于地面，在俯视图中为下斜变线，灭点为降心点。b、c组边线分别与基线成30°、60°。在俯视图中为上斜变线，其灭点为升余$_1$点和升余$_2$点。

作图步骤如下（图5-16b）：

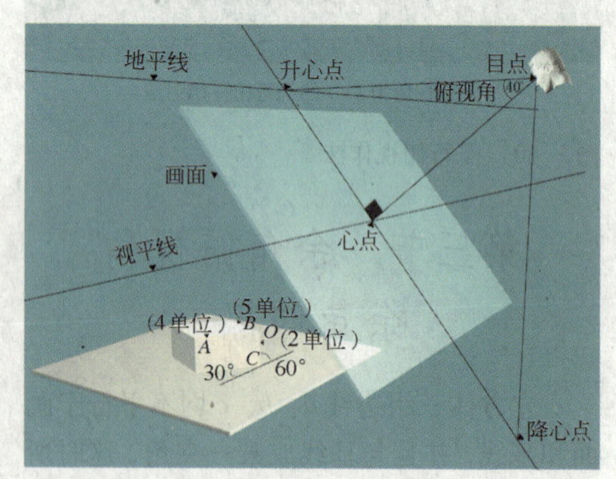

(a)俯视角为40°的余角俯视

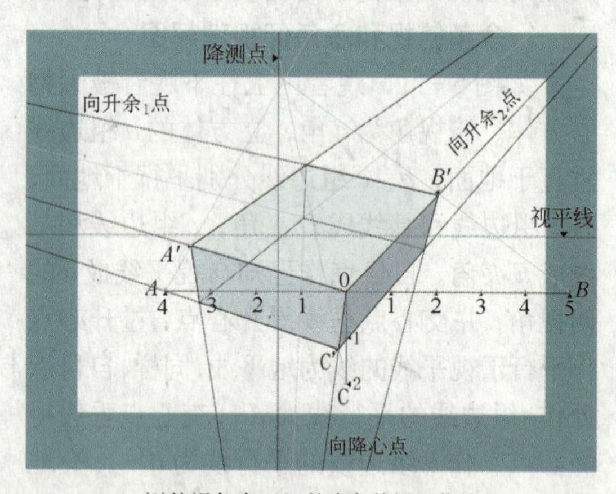

(b)俯视角为40°的余角俯视图作法

图5-16 余角俯视图作法

(1) 定画框、视平线、心点垂线、目$_1$点（距点）。

(2) 在目$_1$点（距点）处作与视平线所成的夹角为40°的俯视角，交心点垂线为升心点，过升心点作一条水平线为地平线，定降心点(升心点、距点、降心点的夹角为90°)。

(3) 以升心点为圆心，至目$_1$点距离为半径作弧，交心点垂线得目$_2$点。

(4) 自目$_2$点向左作与过目$_2$点的水平线成30° 夹角的线段(宽)，交地平线得升余$_1$点，向右作与过目$_2$点的水平线成60° 夹角的线段(长)，交地平线得升余$_2$点。

(5) 分别以升余$_1$、升余$_2$为圆心，至目$_2$点距离为半径作弧，交地平线得升测$_1$、升测$_2$。

(6) 作宽为4个单位的水平量线OA，长为5个单位的水平量线OB，A、B点分别与升测$_1$、升测$_2$相连，交O至升余$_1$点的连线和O至升余$_2$点的连线，得透视长度OA'、OB'。

(7) 作高为2个单位的垂直量线OC，以降心点为圆心，至目$_1$点距离为半径作弧，交心点垂线，得降测点，C至降测点的连线和O至降心点的连线相交，求得下斜变线的透视长度OC'。

(8) 根据线段的透视规律：向升余$_1$点；向升余$_2$点；向降心点，连接各点并完成制图。

【例题】已知几何模型，求其在仰视角为40°，余角角度为30° 和60° 的透视。如图5-17(a)。

理解与分析：

本题与上题相比较，物体由上下两个长方体组成，其透视关系较复杂。在作图过程中，需先求出底部的长方体透视，然后再求上部的长方体透视，作图方法与余角俯视相同。

作图步骤如下（图5-17b、c）：

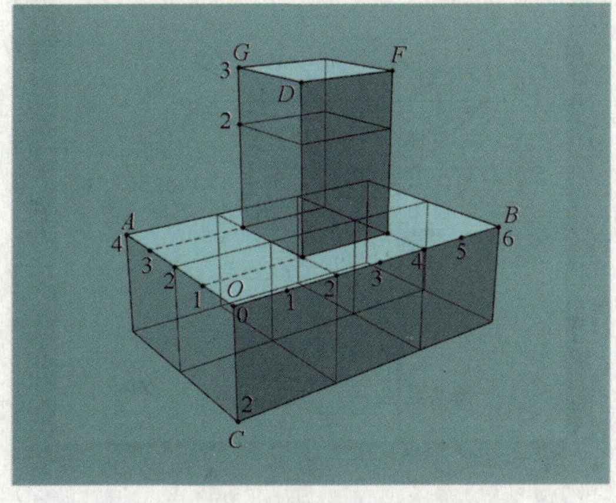

(a)模型图

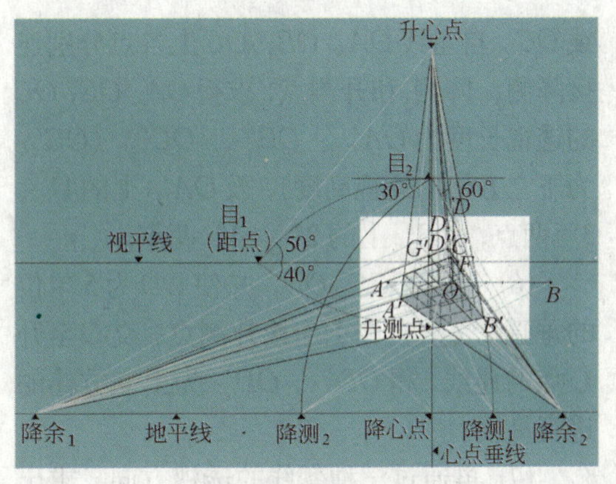

(b)模型图的余角仰视作法

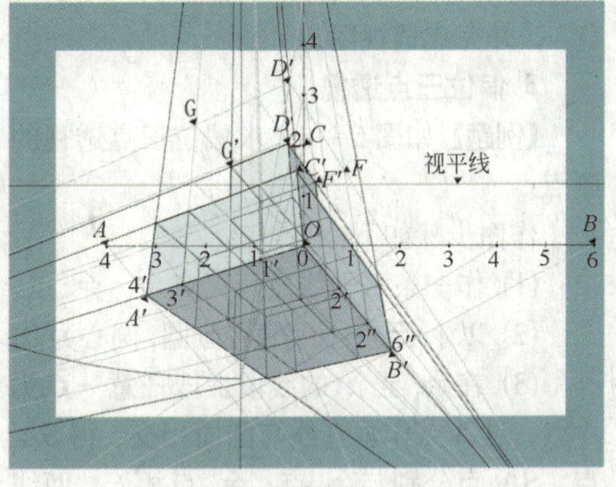

(c)局部

图5-17　余角仰视图作法

(1) 定视平线、画框、心点垂线。

(2) 自目$_1$点（距点）向下引倾斜线与视平线成40° 并交心点垂线得降心点，向上引倾斜线与视平线成50° 并交心点垂线得升心点，过降心点作水平线为地平线。

(3) 以降心点为圆心，至目$_1$点（距点）距离为半径作弧，交心点垂线得目$_2$点，再由目$_2$点向下引两条与目线成30° 和60° 的灭点寻求线，交地平线得降余$_1$、降余$_2$。

(4) 以升心点为圆心，至目$_1$点（距点）距离为半径作弧，交心点垂线得升测点。再分别以降余$_1$、降余$_2$为圆心，至目$_2$点距离为半径作弧，交地平线得降测$_1$、降测$_2$。

(5) 作宽为4单位的水平量线OA，长为6单位的水平量线OB，高为2单位的垂直量线OC。自量线OA、OB，OC上各点分别连接降测$_2$、降测$_1$和升测点，求得OA、OB，OC的透视长度为OA'、OB'、OC'（OC'为下立方体的透视高度），及OA'上的1′、3′两点，OB'上的2″、4″两点。

(6) 延长OC至OD，并使OD为5单位的垂直量线，自D点连接升测点，交O至升心点的连线，得OD'，OD'为上立方体的透视高度。

(7) 再通过三种变线的透视方向，求出上立方体中F、G、D各点的位置为F'、G'、D''，并完成透视图。

3.偏位三点透视

【例题】如图5-18，求偏位三点透视的测点。

作图步骤如下：

(1) 作一条水平线及两灭点余$_1$、余$_2$点。

(2) 以余$_1$至余$_2$长为直径画圆，圆心为O。

(3) 在余$_1$至余$_2$的线段上取任意一点为A点，过A点作垂直线与圆周相交，得SA_1点，SA_1点分别与余$_1$点、余$_2$点相连，两线段的夹角成直角。

(4) 在下半圆的A点垂线上任取一点为B，由B点分别与余$_1$点、余$_2$点相连并反向延长交圆周，得C、D两点。

(5) 连接余$_2$至D点并延长至A点垂线，得降心点。

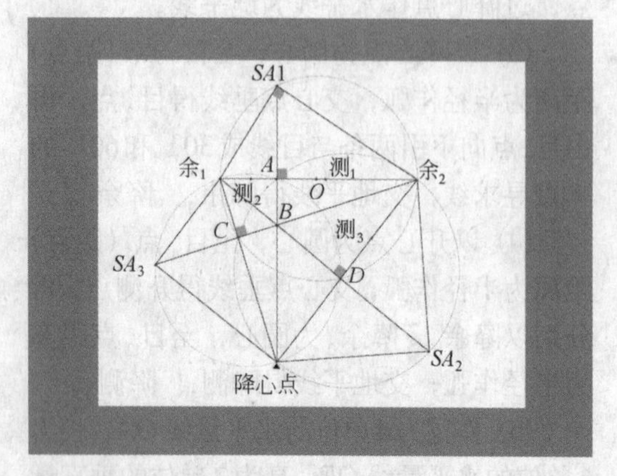

图5-18　偏位三点透视

(6) 连接余$_1$至C点并延长至A点垂线，同样交得降心点。

(7) 以余$_2$至降心点的长为直径画圆，刚好与C、A两点相交，余$_1$与D点相连并延长交圆周得SA_2（第二条线停点）。

(8) 以余$_1$至降心点的长为直径画圆，刚好与D、A两点相交，余$_2$与C点相连并延长交圆周得SA_3（第三条线停点）。

(9) 分别以余$_1$、余$_2$为圆心，至SA_1点长为半径作弧，交余$_1$至余$_2$的连线，得测$_1$点和测$_2$点，再以降心点为圆心，至SA_2点长为半径作弧，交余$_2$至降心点的连线得测$_3$点。

【例题】已知：长方体平置于地面，长EO为6个单位，宽BO为4个单位，高OG为2个单位。如图5-19(a)。

作图步骤如下（图5-19b）：

(1) 按上题制图法作出余$_1$、余$_2$、降心点及测$_1$点、测$_2$点、测$_3$点。

(2) 在余$_1$至余$_2$的连线下方任意作平行线BE，并在BE线上量取O点，使得BO(长方体宽的量线)为4个单位，EO(长方体长的量线)为6个单位。

(3) 量线的两个端点B、E分别与测$_1$点、测$_2$点相连，交O至余$_1$的相连、O至余$_2$的连线，得变线的透视长度OE'、OB'。

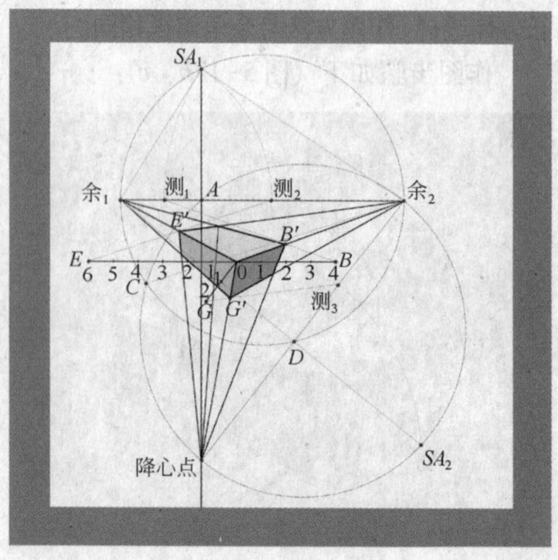

(a)偏位三点透视作法

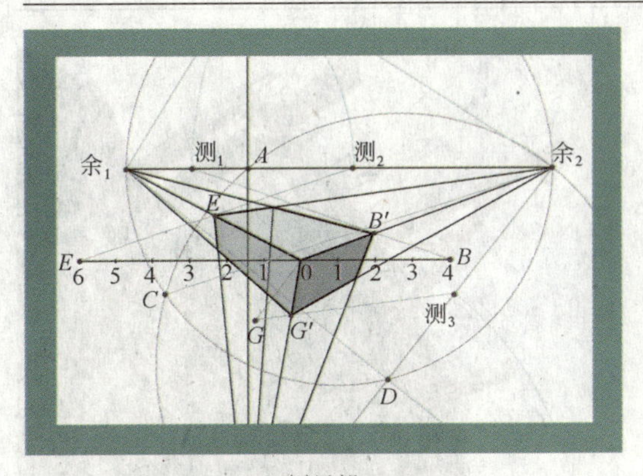

(b)局部

图5-19　偏位三点透视作法

(4) 作高为2个单位的倾斜量线OG，使OG线平行于余$_2$点至降心点的连线，G与测$_3$点相连并交于O至降心点的连线，得OG'。

(5) 根据线段的透视规律，连接各点，完成制图。

4. 正位三点透视、俯视

【例题】如图5-20，求正位三点透视的测点。

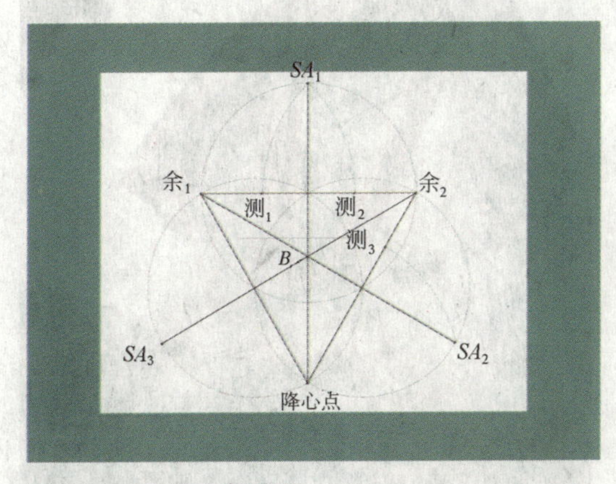

图5-20　正位三点透视

作图步骤如下：

(1) 先画一正三角形，三角形三个顶点分别为余$_1$点、余$_2$点、降心点。

(2) 以三角形三边为直径分别作圆，各边的中垂线与圆周相交，得到SA_1、SA_2、SA_3点。三条中垂线的交点为B点。

(3) 分别以余$_1$点、余$_2$点、降心点为圆心，至SA_1、SA_2、SA_3点为半径作弧，交得三角形各边得测$_1$、测$_2$、测$_3$点。

【例题】已知条件如图5-21所示。

作图步骤如下(图5-22)：

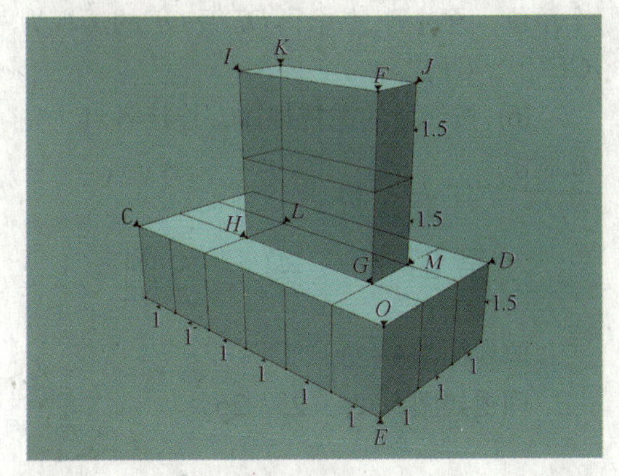

图5-21　正位三点透视模型

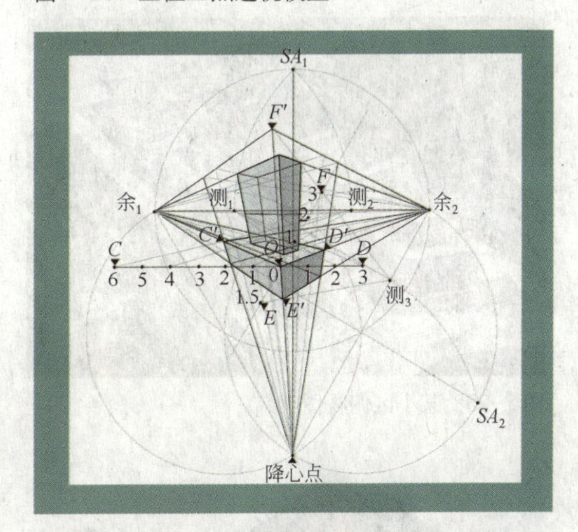

图5-22　正位三点透视作法

(1) 依照上题的作图方法先作出余$_1$、余$_2$、降心点。

(2) 通过画圆求得SA_1、SA_2、SA_3及测$_1$、测$_2$、测$_3$点。

(3) 在余$_1$至余$_2$的连线下方任意作平行线CD，并在CD线上量取O点，使得OC(长度的量线)为6个单位，OD(宽度的量线)为3个单位。

(4) 通过测$_1$、测$_2$求得OC及OD的透视为OC'、OD'。同理分别求出FG、IH、

JM、*KL*、*FI*、*JK*、*FJ*、*IK* 的透视长度。

(5) 过 *O* 点作平行于余$_2$至降心点的连线为倾斜原线，并使 *OE*(下长方体高的量线)为 1.5 个单位，*OF*(上长方体高的量线)为 3 个单位，通过测$_3$点求得 *OE* 及 *OF* 的透视为 *OE*′、*OF*′。

(6) 按线段的透视规律，连接各点，完成制图。

第四节　实　　例

俯视如图 5-23。

仰视如图 5-24、25、26。

图 5-23　某小区俯视图

图 5-24　某建筑仰视图之一

图 5-25　某建筑仰视图之二

图 5-26　某建筑仰视图之三

第六章　圆形曲线物体的透视

在日常生活中，我们经常接触如圆柱、圆锥、圆球、室内门窗开启运动的轨迹等圆形、曲线，对这些圆形的透视进行研究，从中找出其规律，以便于绘制圆形 、曲线物体的透视。

第一节　圆的透视

圆的透视可以理解为，把平面的圆形放置于矩形之中，先画矩形的中点，然后将矩形分割成4个等大的矩形，通过辅助线，求出圆形或曲线在辅助线的交点，分别连接而成圆形的透视图。

1.八点画法

(1)圆形平面的画法

【例题】 求作圆形平面。如图6-1。

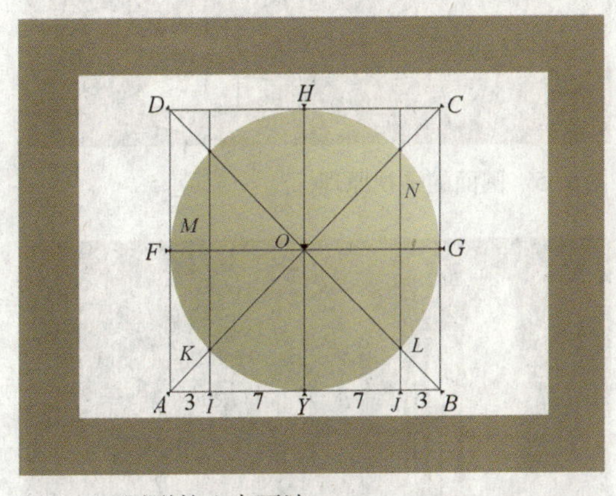

图6-1　圆形的八点画法

作图步骤如下：

1) 作正方形$ABCD$及其对角线AC、BD，两对角线相交为正方形中点O。

2) 过中点O，分别作水平线FG，垂直线HY。

3) 在AY、BY线上，作3:7的比例，求得I、J点，并通过I、J点作垂线，交正方形对角线得K、L、N、M点。

4) 如图平滑连接F、M、H、N、G、L、Y、K八个点，得圆形。

(2) 圆形平行透视的画法

【例题】 如图6-2，求圆形平行透视。

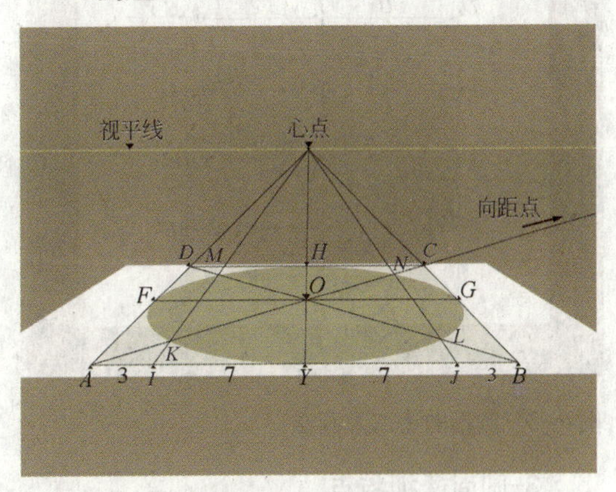

图6-2　圆形八点画法的透视

作图步骤如下：

1) 作视平线，定心点、距点，作线段AB(水平原线)为任意长，在AB线上量取中点为Y点。

2) 分别将A、Y、B点与心点相连。

3) A点与距点$_1$相连，交B与心点的连线和Y与心点的连线得C点、O点，过C点、O点作水平线，交A至心点的连线得D点，即可求得矩形的透视$ABCD$，及FG线段。

4) 在AY、BY线段上，作3:7的比例求得I、J点，I、J点与心点相连，交AC、BD得K、L、N、M点。

5) 如图平滑连接F、M、H、N、G、L、Y、K点，得圆形的透视。

2.十二点画法

若要画更精确的圆形透视，将正方形多次分割，在圆周上求出更多的点，便可绘制出所要求的圆形。

如图6-3，画正方形$ABCD$，并将正方形$ABCD$划分为16个等大的小正方形，在正方形各边上得E、E'、F、F'、G、G'、H、H'、I、I'、J、J'各点，连接A至E'点、交H至H'点的连线得K点，连接A至H'点，交E至E'点的连线得L点。同理，得M、N、O、P、Q、R点，连接各点成圆形。

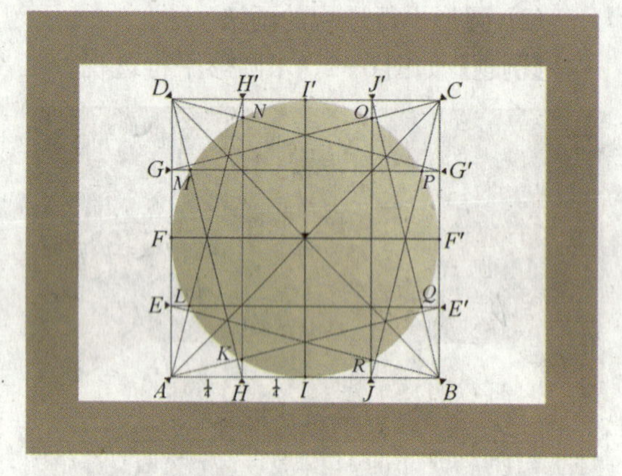

图6-3 圆形的十二点画法

3.圆面透视特点

如图6-4。圆形的直径为AB称长轴，自目点引二条线并与圆周相切，得$A'B'$线段，称短轴，AB长于$A'B'$。

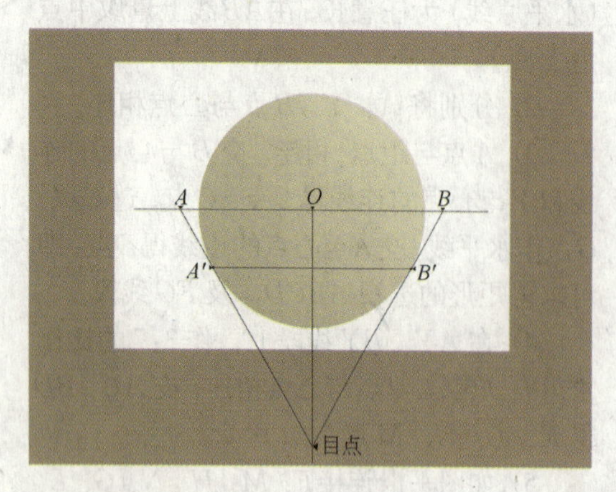

图6-4 圆形的长轴和短轴

如图6-5，在长方体中，套着8个圆形面，其中视平线上方有4个圆面，下方有4个圆面，我们不难发现离视平线越远，所看到的圆面就越大，离视平线越近，圆面就越窄，当圆面与视平线重合时，所看到的圆面则成为一条线。

如图6-6，在垂直于画面平行于地面的水平面上，与垂直于画面，垂直于地面的直立面上，有A圆、B圆、C圆、D圆。当A圆的圆心在心点垂线上，和B圆的圆心在视平线上时，圆面的长径为水平和垂直的关系。当A圆的位置发生变化移至C圆，或B圆移至D圆时，这时所产生的现象为长径发生了变化，有些歪斜，不是水平或垂直状态，离心点垂线愈远，长径愈歪斜。

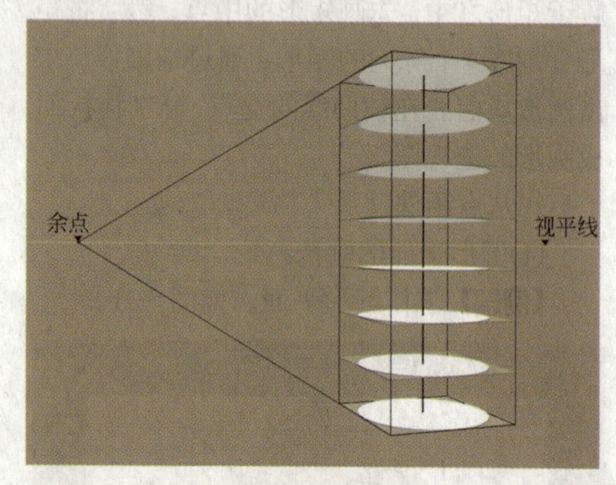

图6-5 圆面的透视原理

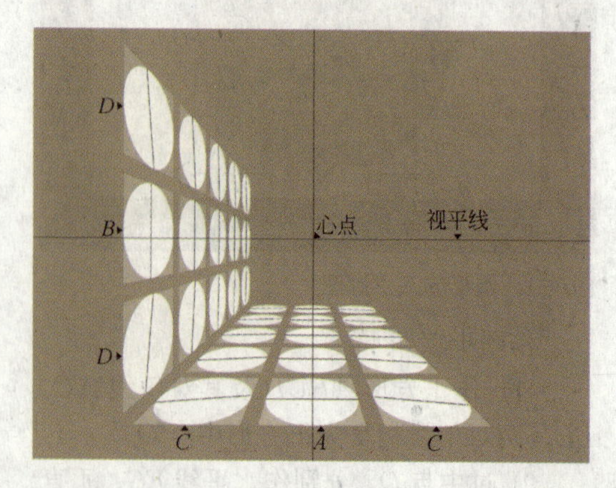

图6-6 各圆面长径的关系

4.同心圆的透视和辐射的特点

如图6–7，圆形物的圆心都在一条垂直线上，称之同心圆。其特点为圆形两边宽，远端最窄，近端居中。

如图6–8，辐射特点：将圆柱进行纵向多次等分，其水平圆面特点：两边密、中间疏。

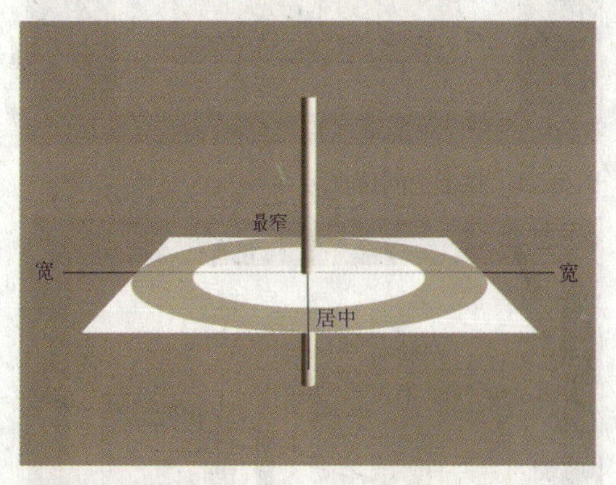

图6–7　同心圆

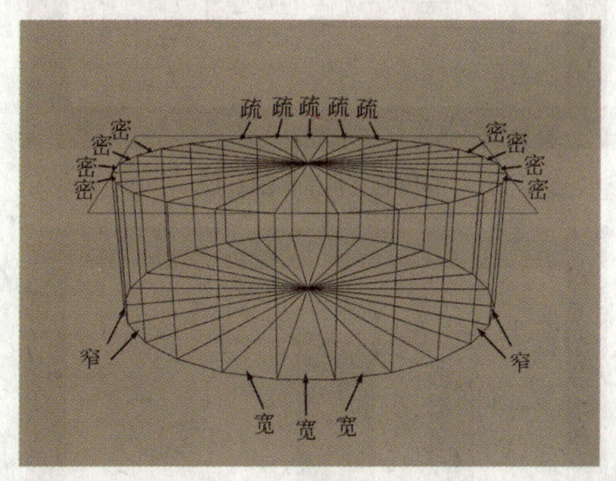

图6–8　圆的轴射图

第二节　曲线物体的透视

生活中，我们会经常遇到如旋转门、拱桥等的曲线物体。求其透视的方法：可以将圆形物体理解为长方体，再进行圆形的透视，懂得了圆形的透视，那么曲线物体的透视也就比较简单了。

1.曲线物体平行透视画法

如图6–9(a)，长方体为平行透视，在水平面$C'D'F'E'$中，利用对角线，获取$C'D'F'E'$的中线为aa'，过a、a'点分别作垂线交CE和DF线得b、b'两点，ab，$a'b'$分别为立方体两侧立面的中线，在cc'垂直原线上作3:7等分，该分点与心点相连，和$C'b$、$E'b$相交，得O、O'两点，将C、O、a、O'、E各点平滑相连，得到半个圆形的透视，同理可作出右侧立面半个圆形的透视。

2.曲线物余角透视画法

如图6–9(b)，将上述的平行透视转换为余角透视。根据余角透视的线段透视规律，各边线分别向相应的灭点消失，作图方法与上题相近，求得半圆形的透视。

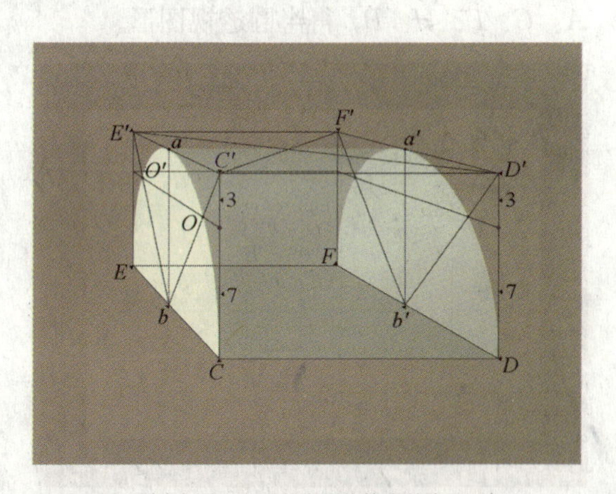

(a)半圆形在平行方形物体中的求法

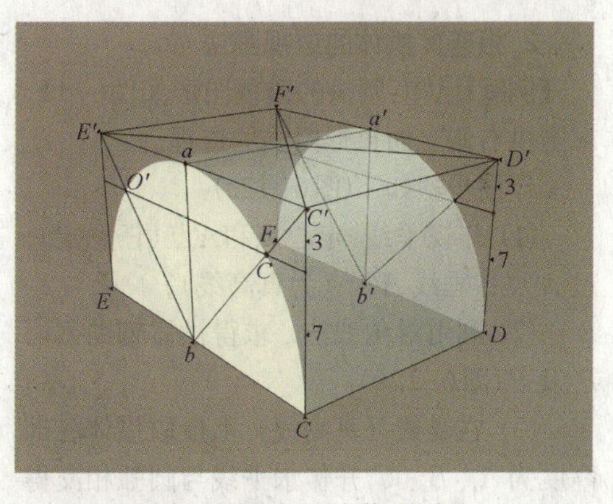

(b)半圆形在余角方形物体中的求法

图6–9　半圆形的求法

第三节　拱的透视

建筑物上半圆形的门和窗、桥洞等都是拱形圆，研究这类透视首先须把半圆形的透视研究清楚，才有助于绘制拱形的透视。

1.半圆拱门的透视画法

如图6-10，门的上端是半圆形，当作透视时，用矩形作为辅助形来作圆形的透视，有助于绘制半圆拱门的透视。在矩形$ABCD$（长:宽＝2:1）中作半圆，在AD、BC的垂直原线上作7:3比例，在AB、DC线段上取中点为E、F两点，D、C分别与E点相连，交DE、CE线得G、H两点，然后平滑连接A、G、F、H、B，得半圆透视图形。

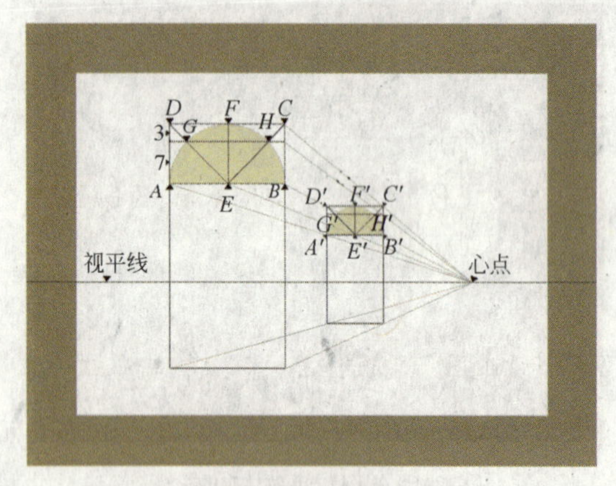

图6-10　半圆拱门的平行透视作法

2.相连贯拱体的透视画法

【例题】已知：圆拱的透视图形如图6-11，求圆拱右侧立面拱形门洞的透视。

作图步骤如下(图6-12a)：

(1) 作视平线、定心点和A点(任意定)，过A点作垂线AA_1（为真高线）。

(2) 利用对角线法，求得拱体辅助截面P_1及P_2(图6-12b)。

(3) 在量线（真高线）上量取拱体各部高度为A_1、B_1、C_1并作水平线与圆弧相交得A_2、B_2、C_2，再将A_2、B_2、C_2分别与**心点**相连。

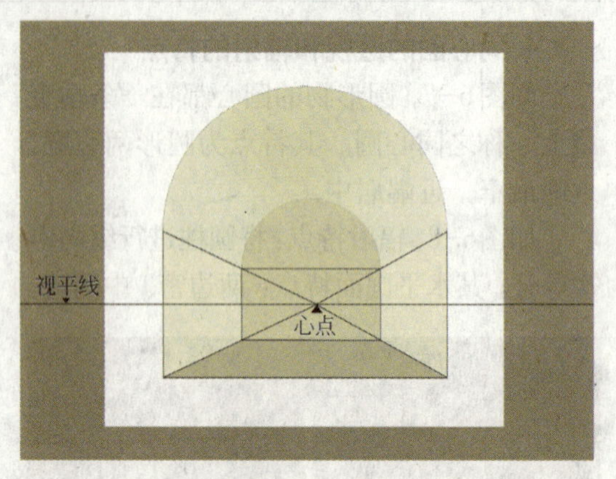

图6-11　拱形空间透视

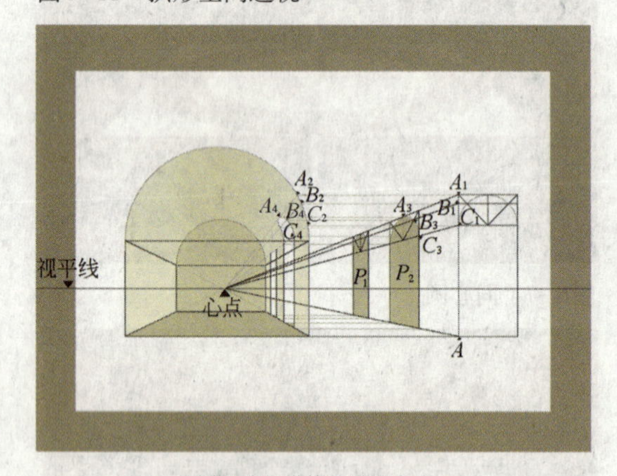

(a)相连贯拱体的透视求法

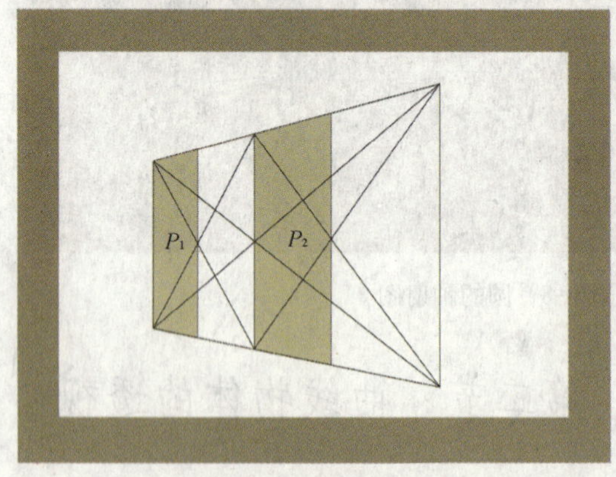

(b)对角线求辅助截面

图6-12　求相连贯拱体的透视

(4) A_1、B_1、C_1与心点相连，在辅助截面求得A_3、B_3、C_3（对角线方法）。

(5) 自A_3、B_3、C_3作水平线，分别与A_2、B_2、C_2至心点的连线相交得A_4、B_4、C_4。

然后逐点连得侧面拱体的透视。

第四节　不规则曲线的透视画法（网格法）

用以上的方法可以准确地把规则曲线的透视图作出，但不规则的曲线用上述的方法来绘制就显得较困难，为了便于绘制其透视，可通过网格法。在平面上或立体物上的不规则曲线，都可以通过此方法作出透视图。

通常绘制单体建筑鸟瞰图只要升高视平线，但是采用这些方法绘制建筑群鸟瞰图时，就会显得繁琐。用网格法来绘制建筑群鸟瞰图则是比较适宜的。

网络法可分为两种：一种为平行网格透视；另一种为余角网格透视。

1.平行网格透视

方格网一组平边平行于画面，另一组平边垂直于画面，称平行网格透视。

【例题】已知在平面网格内的不规则曲线，求其在平行网格透视中的位置。如图6–13(a)。

作图步骤如下（图6–13b）。

(1) 定视平线、心点、距点。

(2) 作水平量线任意长并将其九等分，各等分点与心点相连。

(3) 将O点与距点相连，交各等分点至心点的连线得相应的交点。过各交点分别作水平线，完成网格的平行透视。

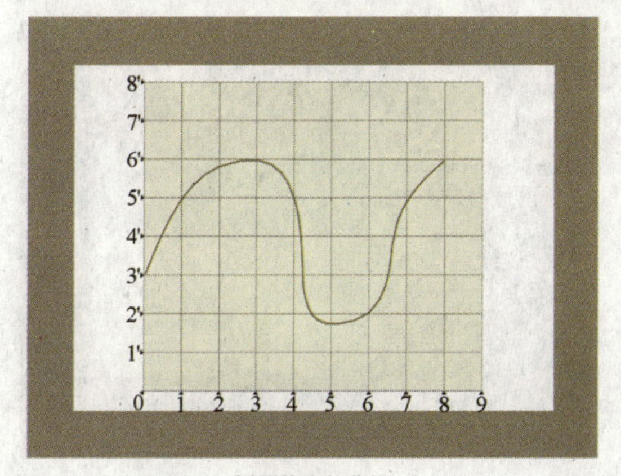

(a)网格中的曲线

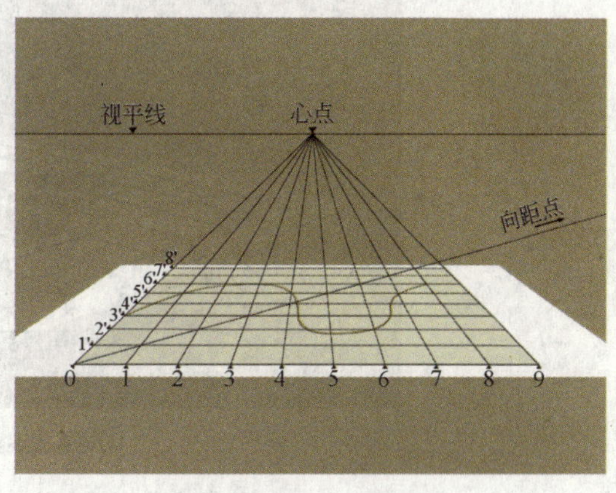

(b)曲线在平行网格中的透视

图6–13　网格法求曲线透视

(4) 根据图6–13(a)中平面的关系，分别在透视网格线上找到曲线物相应的位置点，并连接各点完成曲线物的透视。

2.余角网格透视

方格网两组边线与画面成某夹角状态时，称余角网格透视。

【例题】已知在平面网格内是一朵花卉图案，求其在余角网格透视中的位置。如图6–14(a)。

作图步骤如下（图6–14b）。

(1) 用测点法完成网格的余角透视。

(2) 根据花卉在平面图上的位置，可以从透视网格线上找到花卉相应的位置点，并连接各点完成花卉的透视图形。

(a)网格中的花卉图案

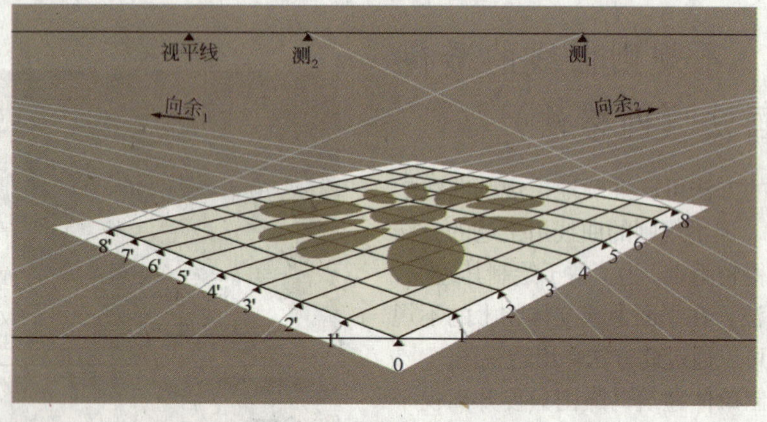

(*b*)花卉图案在余角网格中的透视

图6-14　网格法求花卉图案的余角透视

第五节　圆的透视应用

1.门开启的画法

假设把门进行360°旋转，则门在地面上运动的轨迹成圆形。在求圆的透视时，先求出轨迹圆形的外切正方形。作图时，可通过门的宽度为圆形的半径，再求出圆的直径(图6-15)。

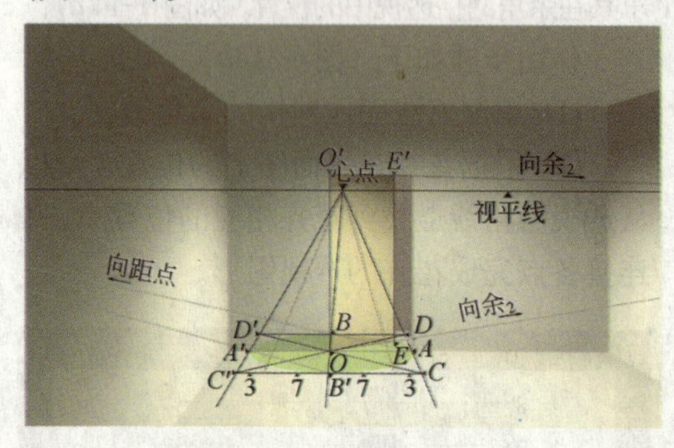

图6-15　门开启的画法

作图步骤如下：

(1) 定视平线、心点、距点。

(2) 延长*AO*至*A*′点，*OA*′等于*OA*的长度，*O*、*A*、*A*′分别与心点相连。

(3) *A*与距点的连线交*O*至心点的连线，得*B*点。*A*′至距点的连线并反向延长，交心点至*O*的延长线得*B*′（45°角平变线原理)。

(4) 过*B*、*B*′分别作水平线，两水平线和**心点**至*A*、*A*′的延长线相交，得*C*、*C*′、*D*、*D*′等4个点，*CC*′ *DD*′为轨迹圆形的外切正方形。

(5) 分别将*CB*′、*B*′ *C*′按3:7的比例等分，通过八点法，画出圆形的透视。

(6) 自*O*点作任意斜线，交视平线为余$_2$点，该斜线与圆周相交，得*E*点，自*E*点向上作垂线，交*O*′与**余**$_2$的连线得*E*′点，完成门开启的透视。

2.窗开启的画法

窗在上下开启时的轨迹成圆形，窗在开启过程中，与地面成某一夹角，可理解为斜面透视(图6-16)。

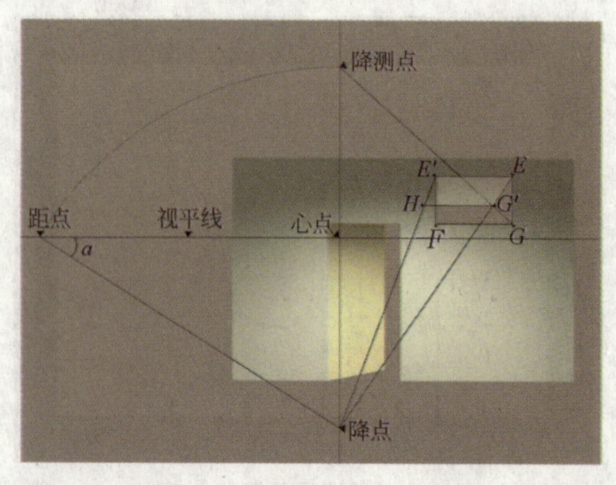

图6-16　窗开启的画法

作图步骤如下：

(1)定视平线、心点、距点、心点垂线及窗 $GEE'F$ 的位置。

(2)自距点作与视平线成角 a 的倾斜线，交心点垂线得降点。

(3)以降点为圆心至距点的距离为半径作弧，交心点垂线得降测点。

(4)E与降点的连线（为窗开启的透视方向），和G至降测**点**的连线相交，得G'，过G'作水平线与E'至降点的连线相交，得H点，$G'H$即为窗的下边线在开启时的透视位置。

第七章　阴影的透视

第一节　阴影的基本概念

物体在光的照射下，产生了受光面和背光面两大关系，受光面称之为阳面，背光面称之为阴面。受光面和背光面的分界线称阴线，物体受光后，光线照射不到的部分称为阴，在被投影面上的投影称之为影。阴和影统称为阴影。物体通过阴影的绘制，使其在表现图中更为真实、生动。如图7–1所示。

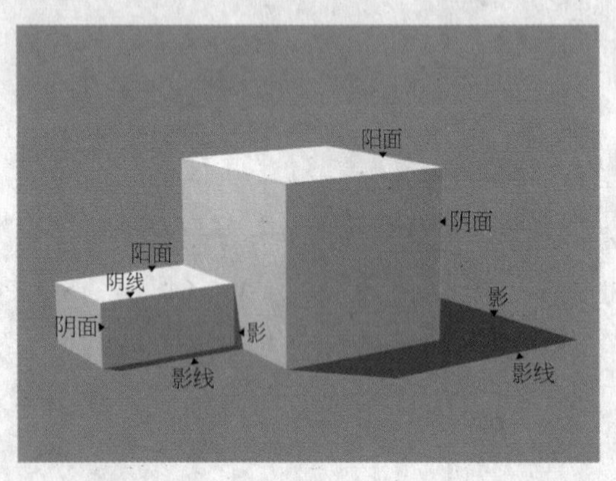

图7–1　阴影的术语

阴影可分为日光的阴影和人造光阴影两种，而这两种阴影在作透视图中既有联系又有区别。

第二节　日光阴影

在作日光阴影之前，首先必须认识日光照射的方位角和高度角，以及在几种光线照射下的情况（即侧面光、前面光、后面光的情况）。

在画面中光线照射的方位角是指日光照射的方向。

光线照射的高度角是指光线与基面的倾斜角。光线照射到地面上的高度角越小，影子就越长越大。光线照射到地面上的高度角越大，影子就越短越小。太阳高度角在一天中是按"小——大——小"的规律变化的，因此建筑物的投影长度就按"长——短——长"的顺序变化。

画建筑物日光阴影透视时。我们首先可以将建筑物看成是由基本几何体组成的，如正方体、长方体或是切边的几何形体等。这样就方便多了。把组成几何形体的直线段看成棍杆，根据直线段和受影面的关系，归纳为以下三种状态：直立棍杆；平行棍杆；相交棍杆。弄清楚这三种棍杆的阴影透视规律，有助于绘制更加复杂的建筑物的阴影。

1.直立棍杆的投影

(1) 光线为侧面光的情况

光线从观者左侧或右侧上方平行射来称为侧面光，光线平行于画面，为倾斜原线，没有光灭点，影长的作法是由棍足作水平线，光线经棍顶引线，两线相交截得其影长。如图7–2(a)。

(2) 光线为前面光的情况

如图7–2(b)，光线从观者的前面上方射来称为前面光，光线为上斜变线，灭点即为光灭点(升点)。而影灭点即影子的消灭点，是在光灭点的垂线与视平线交点处，影灭点可以是余点或心点。作直立棍杆的投影方法是：光灭点至棍顶的连线并延长，交影灭点与棍足连线的延长线，截得棍杆阴影的透视长度。

(3) 光线为后面光的情况

如图7−2(*c*)，光线从观者后面上方射来称为后面光，光线为下斜变线，光灭点在心点或余点垂线的下方，影灭点可以是心点或余点。作棍足至影灭点的连线，并交于棍顶至光灭点的连线，截得棍杆阴影的透视长度。

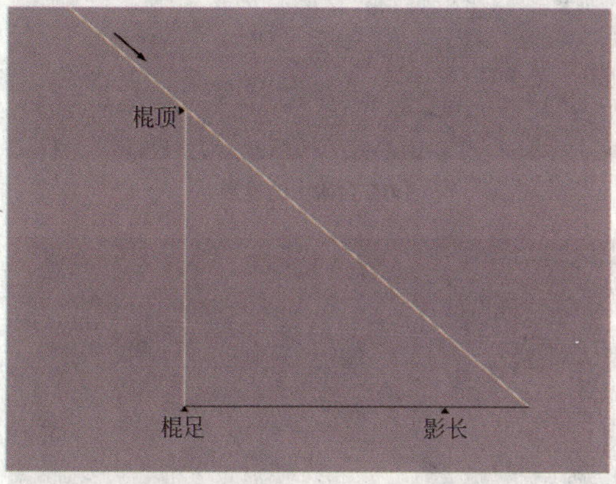

(*a*)侧面光线下的投影

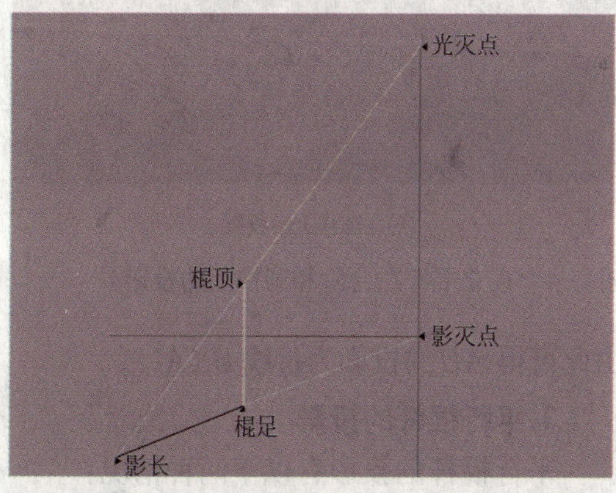

(*b*)前面光线下的投影

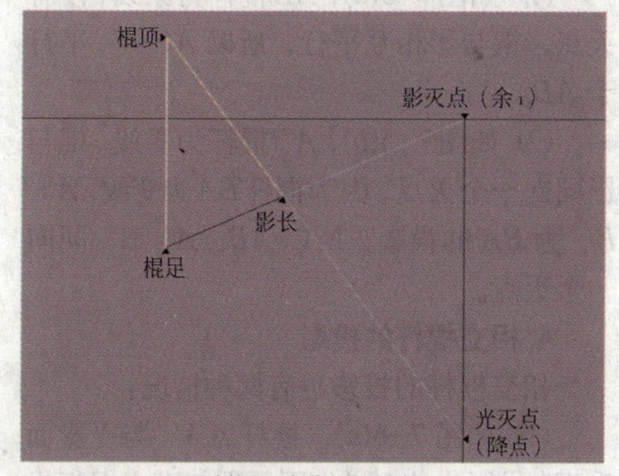

(*c*)后面光线下的投影

图7−2 直立棍杆在不同光线下的投影

2.直立棍杆在各种受影面投影的情况

(1) 直立棍杆垂直于地面在墙上的影长（侧面光）

如图7−3(*a*)，直立棍杆*AB*为棍长，光线经棍顶*A*与光灭点相连，过棍足*B*作水平线与墙面相交为*K*，过*K*点向上作垂线，交*A*至光灭点的连线，得*A*′。棍杆*AB*的影长即为折线*BKA*′。

(2) 直立棍杆影子在斜面上的影长（后面光）

如图7−3(*b*)，直立棍杆*AB*为棍长，足端*B*与影灭点相连，交斜面底边为*K*点、墙面底边线为*C*点，过*C*点向上作垂线，与斜面的上边线相交为*A*′，*K*、*A*′两点相连，棍顶*A*向光灭点引线与*KA*′相交，得*A*″，*AB*棍杆的影长即为*BKA*″。

(3) 直立棍杆在斜面上投影的影长（侧面光）

如图7−3(*c*)，直立棍杆*AB*为棍长，过足端*B*点作水平线，与斜面底边相交得*K*点，过*K*点作平行于余$_1$和升点连线的平行线，并与过棍顶的光线相交得*A*′，则折线*BKA*′为棍杆*AB*的投影。（余$_1$和升点的连线为斜面的灭线，这在前面的斜面透视中已讲述过。）

(4) 直立棍杆在台阶上投影的影长（后面光）

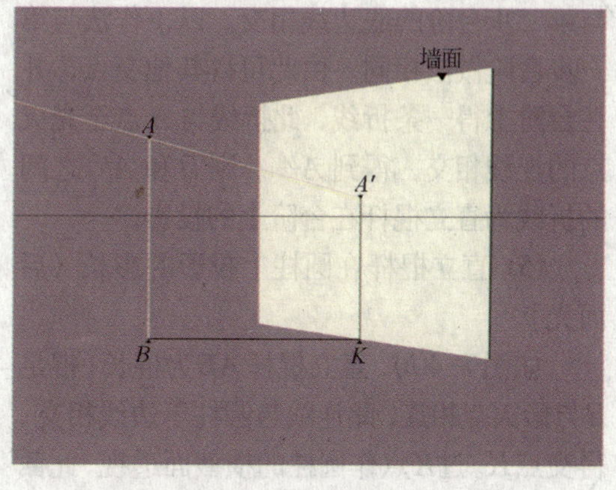

(*a*)在墙面上的投影

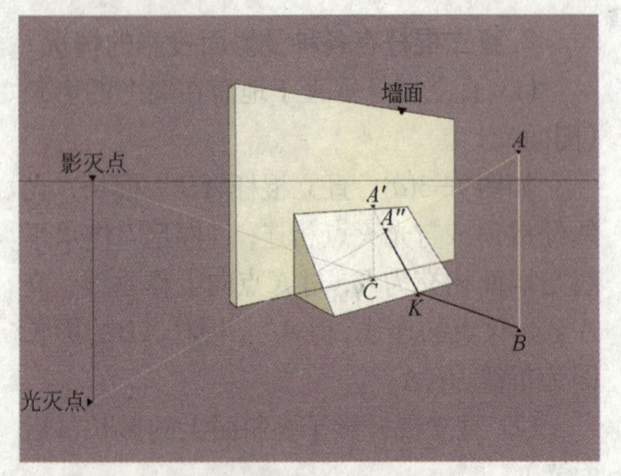

(*b*)在斜面上的投影(后面光)

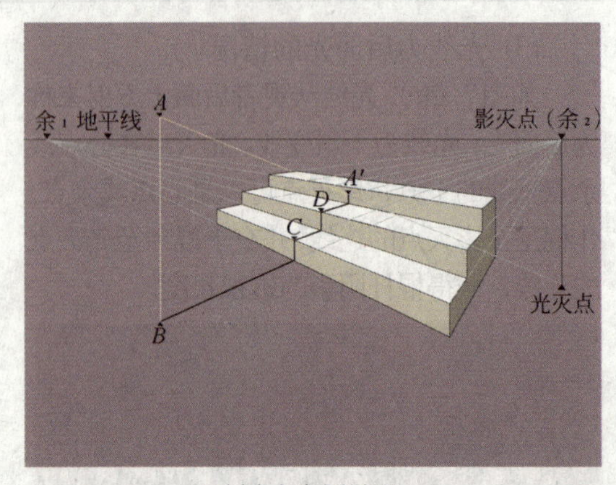

(*a*)在台阶上的投影

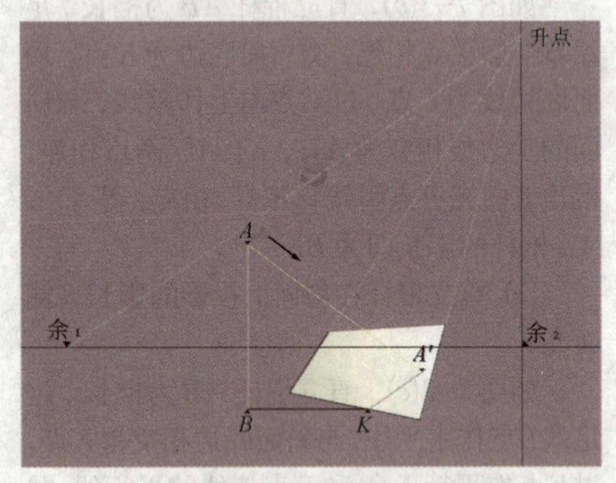

(*c*)直立棍杆在斜面上的投影(侧面光)

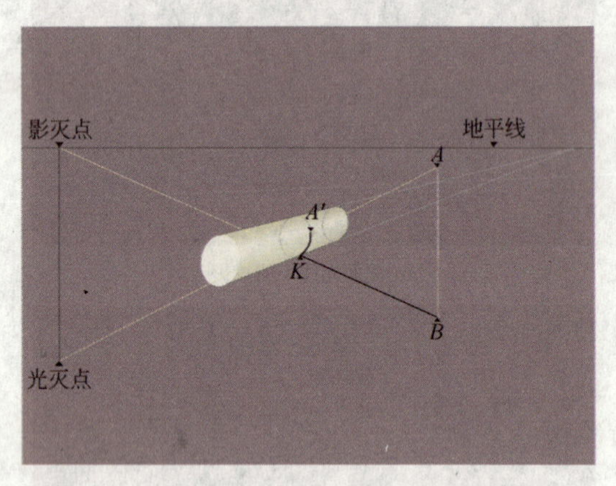

(*b*)在圆柱上的投影

图7−3 直立棍杆在不同受影面上的投影

图7−4 直立棍杆在台阶和圆柱上的投影

如图7−4(*a*)，直立棍杆*AB*为棍长，棍足*B*与影灭点相连，此连线和台阶底边线相交。过此交点作垂线，此垂线和第一步台阶的上边线相交，得交点*C*。连接*C*点与影灭点，并与第二步台阶的底边线相交。以下作法与第一步台阶做法相同。由此可得其他交点，并在台阶上得一条折线，此折线与*A*点至光灭点的连线相交，得到*A*′。则*B*和*A*′之间的折线为直立棍杆在台阶上的投影。

(5) 直立棍杆在圆柱上投影的影长（后面光）

如图7−4(*b*)，直立棍杆*AB*为棍长，棍足*B*与影灭点相连，此连线与圆柱下边线相交，得交点*K*。过*K*点作圆柱的横截面透视，此截面边线与*A*点至光灭点的连线相交，得*A*′。由此可得*AB*的投影为折线*BKA*′。

3. 平行棍杆的投影

平行棍杆的投影有以下两种情况：

(1) 如图7−5(*a*)，*AB*棍杆为原线，没有灭点，棍与影相互平行，所以*A*′*B*′平行于*AB*。

(2) 如图7−5(*b*)，*AB*棍杆为变线，棍与影同向一个灭点，因为棍杆*BA*为变线，*A*′*B*′为*BA*的投影，所以*AB*、*A*′*B*′同向一个灭点。

4. 相交棍杆的投影

相交棍杆的投影也有两种情况：

(1) 如图7−6(*a*)，棍杆*AA*′与受影面垂直，投影为*AA*″（作图原理与直立棍杆投影相同）。

(2) 如图7–6(*b*)，棍杆与受影面倾斜相交，称为斜交棍杆。在图中，*AC*、*BD*为斜交棍杆，在求斜交棍杆影长时。可先求出直立棍杆AA'的影长，再求出*AC*、*BD*的影长。影灭$_1$为AA'、BB'的影灭点，作棍足A'至影灭$_1$的连线与*A*至光灭点的连线，两线相交得A''，同理可得BB'，棍杆的影长为BB''。分别作CA''、DB''的延长线，两延长线相交于影灭$_2$点，影灭$_2$即为*AC*、*BD*倾斜相交棍杆的投影的灭点。CA''、DB''为*AC*、*BD*斜交棍杆的影长。

5.倾斜棍杆在各种受影面投影的情况

(1) 倾斜棍杆在地面和垂直于地面的墙上投影的影长

如图7–7，作图步骤如下：

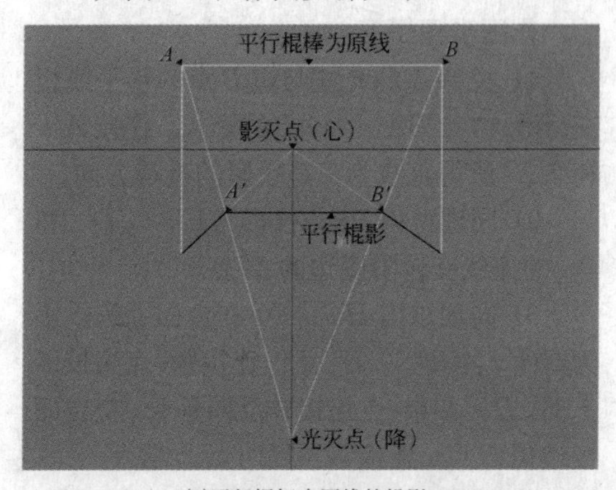

(*a*)平行棍杆为原线的投影

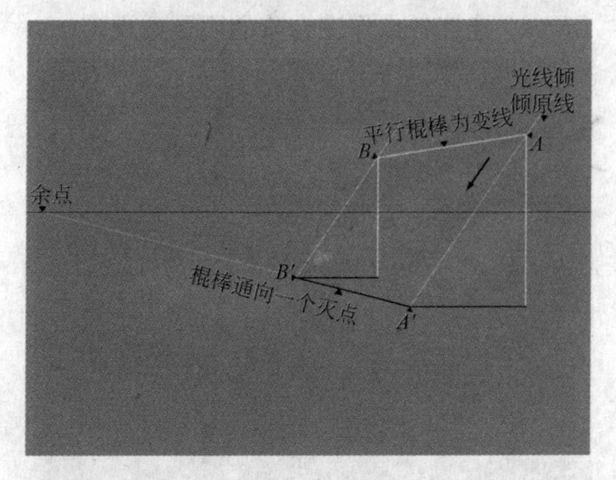

(*b*)平行棍杆为变线的投影

图7–5 平行棍杆的投影

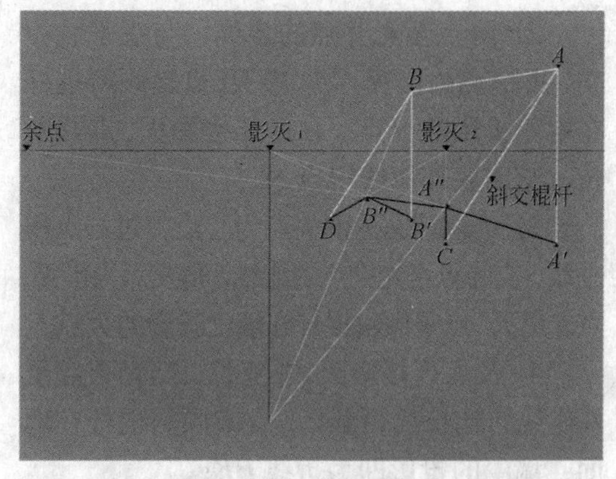

(*a*)相交棍杆垂直于受影面

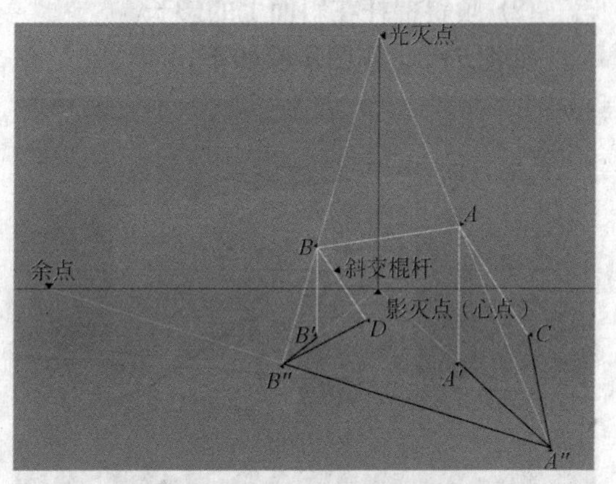

(*b*)相交棍杆倾斜于受影面

图7–6 相交棍杆的投影

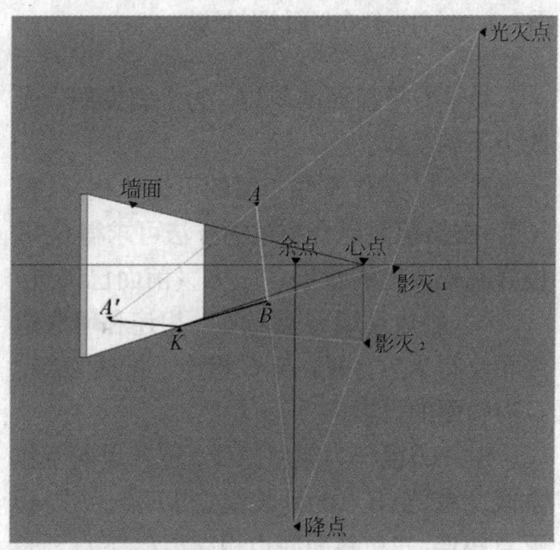

图7–7 倾斜棍杆在地面和墙面上的投影

1）太阳光从右前上方照射，则此光线为上斜变线，灭点为光升点。*AB*棍杆倾斜于地面为下斜变线，灭点为降点。

2）降点至光升点的连线，与视平线相交，得交点为影灭$_1$点，影灭$_1$点是倾斜棍杆在地面投影的灭点。B点连接影灭$_1$点并延长，交墙底部边线得点K。

3）透视墙面的消失点为心点，过心点作垂线，交降点至光灭点的连线，得交点为影灭$_2$点。影灭$_2$点是倾斜棍杆在墙上投影的灭点。

4）K点连接影灭$_2$并延长，交光灭点至A连线的延长线，得A'。AB倾斜棍杆在地面、墙上的投影即为折线BKA'。

(2) 倾斜棍杆在斜面上的影长

如图7–8，作图步骤如下：

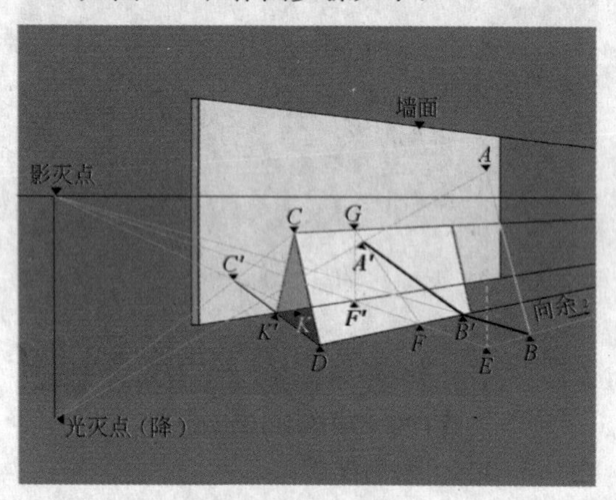

图7–8 倾斜棍杆在斜面上的投影

1）CD是斜面的斜边，为上斜变线，光线为下斜变线。

2）过C点作垂线与墙的下边线相交，得K点，根据前面已介绍过的方法可求得C、K棍杆在地面上的投影C'、K。(前面已讲过)

3）斜边足端D点与C'相连和墙底边线相交得K'，K'与C相连，折线$DK'C$为斜面的投影。

4）AB棍杆为倾斜原线，过A点向下作垂线交余$_2$至B点的延长线，得E点。E与影灭点相连，并和斜面底边相交得F，下点延长与墙脚相交得F'。过F'向上作垂线与斜面平边相交得G。F至G的连线为垂直棍杆AE在斜面上投影方向。

5）B连接影灭点，与斜面底边相交得B'。光灭点与A点相连，并与FG相交得A'，连接B、B'、A'，则折线$BB'A'$为倾斜棍杆AB在地面、斜面上的投影。

第三节 作侧面光、前面光、后面光的投影

1.作物体在左侧光照射下的投影

如图7–9所示，光线为倾斜原线没有光灭点，为侧面光。在求各直立棍杆的阴影时，引线与光线平行。台阶由三个方向的线段组成，三组线段分别为：一组直立棍杆（棍杆为垂直原线，无灭点）；二组平行棍杆（棍杆为变线，棍影同向一个灭点）。

作图步骤如下：

1）经A点的光线与过B点的水平线相交，得A'，BA'为AB的影长。连接A'和余$_2$，所得直线为AC投影的透视方向。

2）同理可得DE的投影为ED'，D'和余$_2$的连线交台阶底边的M点。

3）同理求出HG、FG在台面上的投影为GH'、GF'，$H'F'$连接余$_2$点为投影方向，H'和余$_2$点连接并反向延长，交台面棱边得N点，连接N、M两点。

4）同理，分别求出IJ、KL的影子为JI'、LK'。连接各点作完台阶的阴影透视。

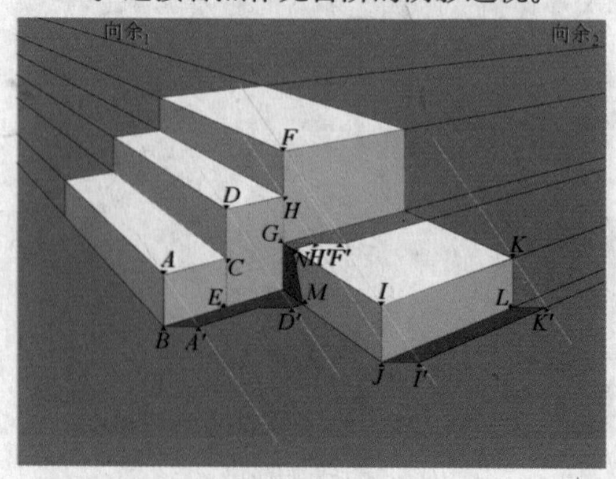

图7–9 倾斜在左侧光下的投影

2.作直立棍杆在斜面房顶和墙面上的投影（侧面光）

如图7–10所示，房屋的边线AB、EF、CD、AC由两个方向的线段组成，两组线段分别可视为直立棍杆和平行棍杆，求其影长的方法与上题相同。屋顶为上斜斜面，斜面的灭点（升点）在余$_2$点垂线上。余$_1$点与升点的连线为斜面的灭线。AE、EC倾斜于受影面，可视为斜交棍杆，可以先求得其他直立或平行棍杆的投影，然后利用所求得的投影点再作出倾斜棍杆的投影。

作图步骤如下：

1）过A、E、C各点分别作与光线平行的平行线（平行光），所得的平行线与过B、F、D各点的水平线相交，得交点分别为A′、E′、C′。

2）连接E′、A′、E′、C′，C′与余$_1$相连（棍与影同向一个灭点）。完成房屋阴影。

3）过H点作水平线与墙底边相交，得J点，过J点向上作垂线，垂线与房屋斜面边相交，得I点，I与升点的连线和过G点的光线平行线相交，得G′，折线HJIG′为GH的投影。

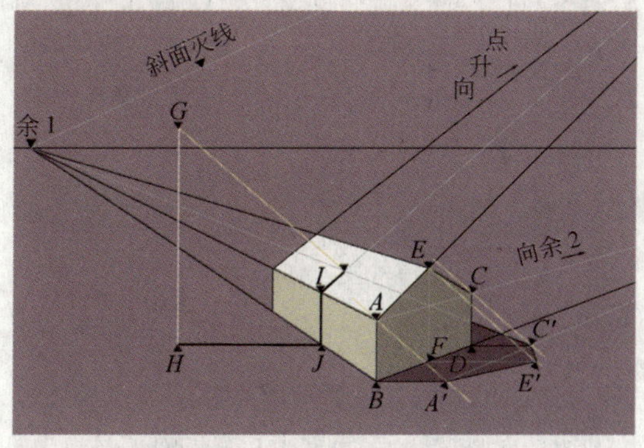

图7–10　直立棍杆在房顶的投影

3.作几何模型在右前面光照射下的阴影

【例题】已知：光线的方位角45°，高度角为30°。如图7–11。

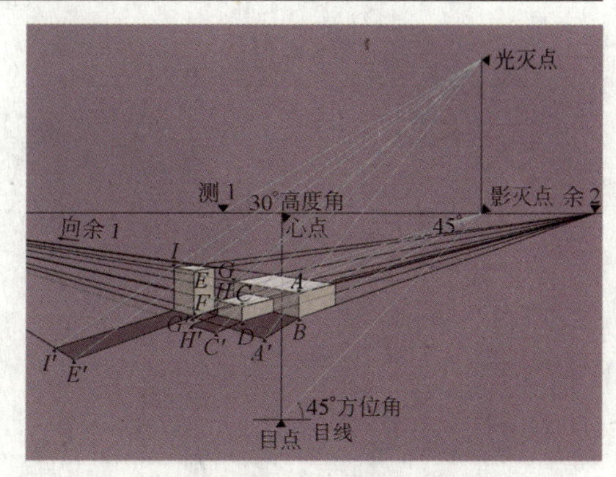

图7–11　几何模型在右前面光下的投影

理解与分析：

影灭点是影子在地面的上的灭点，由光线方位角决定。根据已知条件，影灭点可通过方位角来求得。光线为上斜变线，光灭点可通过高度角来求得（在斜面透视中已讲述过，升点也就是求光灭点的位置）。

作图步骤如下：

(1) 在测点处作与视平线成30°角的高度角，自目点处作与目线成45°角的方位角，定光灭点、影灭点。

(2) 光灭点与A点连接的延长线和影灭点与B点连接的延长线相交得A′，A′B为AB在地面上的影长。同理，分别求出CD、EF、II_1、JK的影长为C′D、E′F、II′、J′K。

(3) 在作AG的影长时，由于AG为平行棍杆，根据平行棍杆的透视规律，棍杆为变线，棍与影同向一个灭点。A′G′为AG棍杆在地面上的影长。同理分别作出CH、EI、JL的影长，完成几何模型的阴影。

4.作圆柱在后面光照射下的阴影

【例题】已知：高度角为45°，方位角为45°。如图7–12。

理解与分析：

本题是作物体后面光照射下的阴影，光灭点是通过高度角来决定具体的位置，影灭点则是由方位角所决定，作物体的阴影时，是

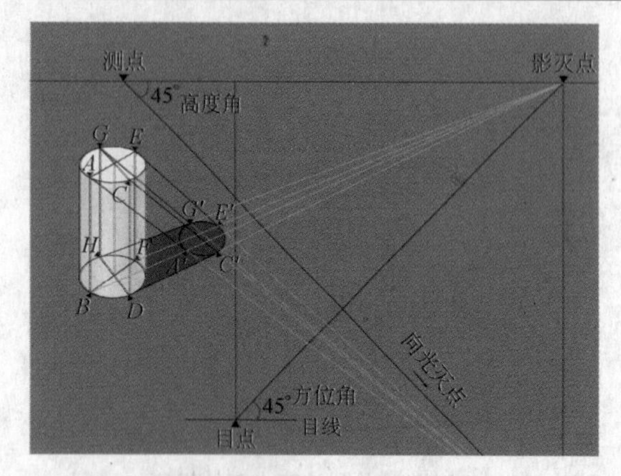

图7-12 圆柱在后面光下的投影

通过光灭点、影灭点来求得。圆柱可理解为由许多根直立棍杆组成，为了帮助制图，先作出圆柱四条母线的阴影，然后平滑连接各点。如果为了制图更精确，也可多作几条母线的阴影，然后平滑连接而成。

作图步骤如下：

(1) 自目点处作与目线成45° 的方位角，交视平线得影灭点。

(2) 在测点处作与视平线成45° 的高度角，并与过影灭点的垂线相交，得光灭点。

(3) A 至光灭点的连线与 B 至影灭点的连线相交，得 A'，BA' 为 AB 在地面上的阴影。同理得 $C'D$、FE'、$G'H$。

(4) 平滑连接 D、C'、E'、G'、H 各点，即可作出圆柱在地面上的阴影。

第四节 灯光阴影

前面我们对日光阴影作了详细的分析，而灯光阴影与日光阴影的区别在于灯光阴影来自人造光源。各种棍杆所处的空间位置不同，在求阴影时，它们的光足点位置也就不同。光足是自光源作垂直线与受影面相交得到的点，物体在灯光照射下的阴影，是自光源经棍顶的引线与棍足和光足的连线相交得到。

1.灯光阴影的基本规律

(1)直立棍杆的阴影规律

如图7-13，S点为光源，光足的求法是自光源作垂线与受影面相交，得到的交点即为光足。直立棍杆的影长为：自光源S点向棍顶引线，自光足向棍足引线并延长，两线相交截得直立棍杆的影长。

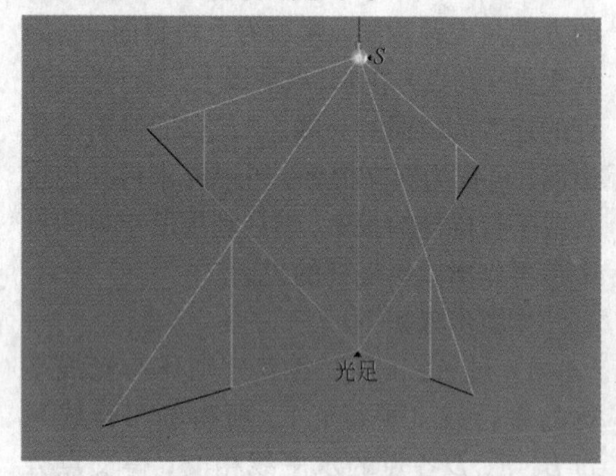

图7-13 直立棍杆在灯光下的投影

(2) 平行棍杆

如图 7-14，与受影面平行的棍杆有两种情况：①棍杆与受影面平行，棍杆为原线，则棍与影相互平行，如 (a) 图，AB的阴影为 $A'B'$（相互平行）；②棍杆 AB 为变线：棍与影同向一个灭点，如 (b) 图，AB的阴影为 $A'B'$（同向一个灭点）。

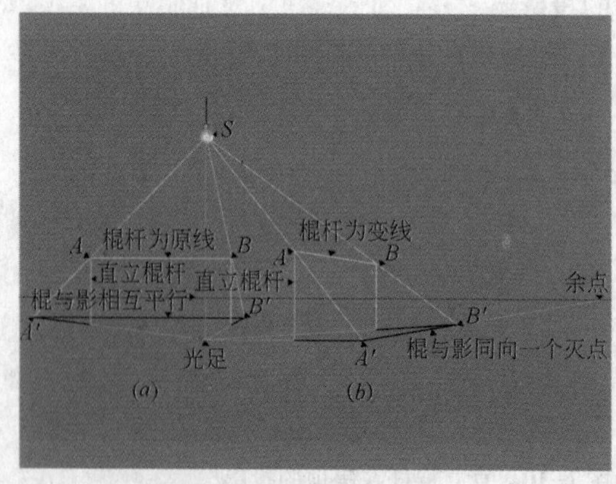

图7-14 平行棍杆在灯光下的投影

(3) 相交棍杆

如图7-15，与受影面相交的棍杆也有两种情况：①垂直相交棍杆，其投影关系与直立棍杆的阴影相同；②倾斜相交棍杆，即棍杆与受影面呈某个倾斜角度，在图中AE、CF为倾斜相交棍杆，在求其阴影时，可先求出直立棍杆AB、CD的阴影为BA'、DC'，再求出平行棍杆AC的阴影为$A'C'$（前面已讲述），便可求出倾斜相交棍杆AE的阴影为EA'，CF的阴影为FC'。

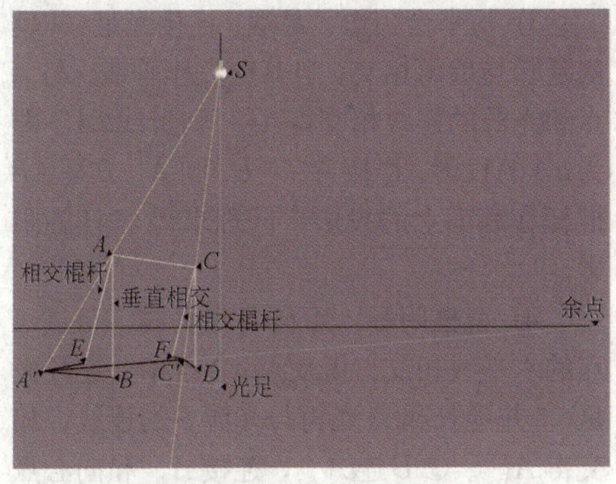

图7-15　相交棍杆在灯光下的投影

2.作立方体的灯光阴影透视（三种棍杆投影）

如图7-16所示，将立方体的边线AB看为直立棍杆，棍杆为原线，保持原状。边线CG、EG看为平行棍杆，棍杆为变线，则棍与影同向一个灭点。只要求出这两种棍杆的投影，便能求出立方体在地面上的阴影。

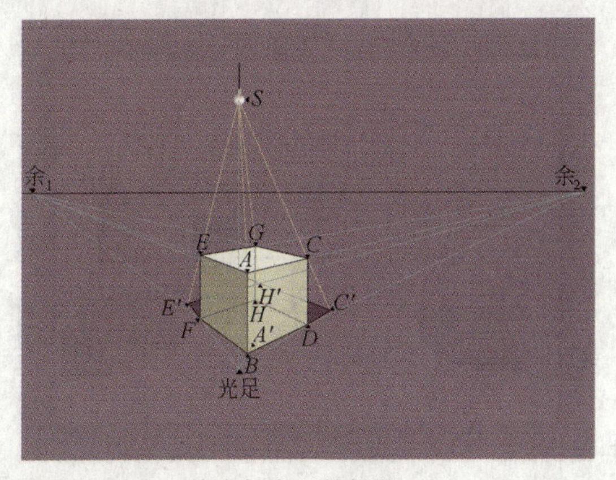

图7-16　立方体在灯光下的投影

作图步骤如下：

1）自光源S分别向直立棍杆AB、CD、EF的顶点引线，足端B、D、F分别向光足引线，三对直线相交并得其长度为$A'B$、$C'D$、$E'F$。

2）C'连接余$_1$点，E'连接余$_2$点，便可作出立方体的阴影。

3.求在平行透视、余角透视中室内灯光的光足

室内有6个面，组成了空间关系，灯光在各个受影面上（地面、墙面、顶面）都有各自的光足。光足的作法：自光源引线，与各受影面垂直相交。交点就是灯光在该受影面的光足。

(1)求平行透视中室内灯光的光足

作图步骤如下(图7-17)：

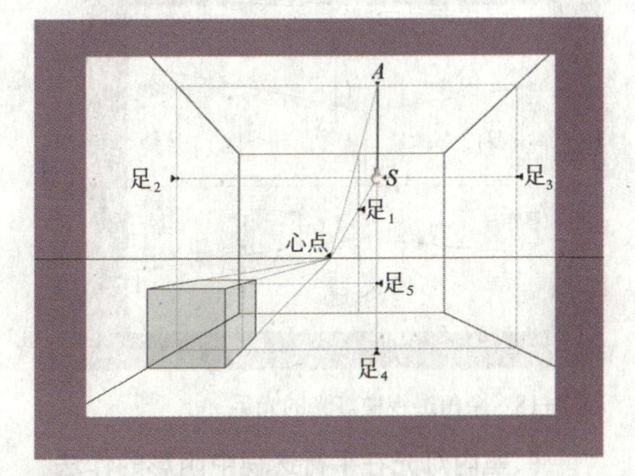

图7-17　平行透视中灯光的光足

1）光足$_1$的寻求：在室内顶面任定一点A，自A点连接心点，与墙角相交，从所得交点作垂线并与光源S点至心点的连线相交，得光足$_1$。

2）光足$_2$、光足$_3$的寻求：过A点作水平线与两墙角相交，自交点向下作垂线，两垂线分别与过光源S点的水平线相交，得光足$_2$、光足$_3$。

3）光足$_4$的寻求：自光源S作垂线，与地面的交点为光足$_4$。

4）光足$_5$（台面的光足）的寻求：自光足$_4$引水平线，与台底边相交，该交点向上作垂线与台面棱角边相交，自交点再作水平线并与过光源的垂线相交，得光足$_5$。

(2) 在余角透视中室内灯光的光足

如图 7-18，作图步骤如下：

1) 光足$_1$的寻求：连接A至余$_2$，和墙角相交，自所得交点作垂线，并与光源S和余$_2$的连线相交，得光足$_1$。

2) 光足$_2$的寻求：同理可得光足$_2$。

3) 光足$_3$的寻求：自光源S点作垂线，与地面的交点为光足$_3$。

4) 光足$_4$的寻求：自光足$_3$连余$_2$，和台底边相交，该交点向上作垂线，与台面棱角边相交，自交点连接余$_2$，并反向延长至过光源S点的垂线，所得交点为光足$_4$。

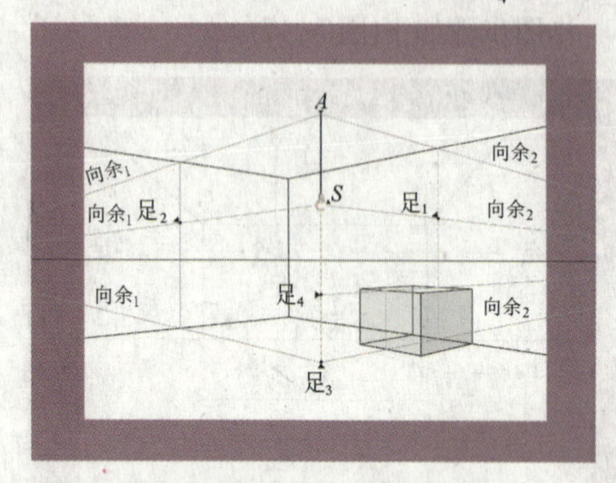

图7-18 余角透视中灯光的光足

4.室内灯光在平行透视中阴影的作法

如图 7-19 所示，沙发和写字台紧靠墙面，在求靠墙的直立棍杆阴影时，用该墙面的光足。而离开墙面的直立棍杆，求阴影时则用光源在地面上的光足。AB棍杆为相交棍杆，作阴影时先求直立棍杆（A杆、B杆）透视长度，再求AB棍杆的阴影透视。镜框倾斜于墙面，作图时，可先把镜框紧靠着墙上，求出在墙上的映点然后再求倾斜镜框的阴影。把门分别看作为直立棍杆和平行棍杆，其求阴影的方法与前面所讲的方法相同。

作图步骤如下：

1) 根据平行透视寻求光足的方法，定光足$_1$、光足$_2$、光足$_3$、光足$_4$、光足$_5$。

2) 作沙发的阴影：A点连光源S，足端连光足$_4$。两线相交得A'，Aa的阴影为aA'，同理求出B杆的顶端阴影为B'。A'连B'和墙角相交，自交点连接B，D点连接光足$_3$并延长和C与光源S的连线相交，得交点为C'。连接C'和B，沙发阴影作完。

3) 写字台阴影：足端a连接光足$_4$并反向延长与墙角相交，自其交点作垂线，与A点和光源的连线相交得A'，则折线aA'即为aA的投影，连接A'、B，则$A'B$是AB棍杆在墙面上的投影。同理求得C杆的阴影。

4) 镜框阴影：①自B作垂线，与过A点的水平线相交，得交点a。②a连接光足$_2$，并延长和A点再与光源S的连线，相交得A'。③B连A'，连接A'和向心点可求得AC棍杆的阴影，(棍杆为变线，棍与影同有一个灭点)。完成镜框阴影。

5) 门的阴影：①足端C连光足$_4$与墙角相交，自交点作垂线和光源S与A的延长线相交得A'。②自墙角D点连光足$_4$和门底边相交得e，过e作垂线向上与门上边线相交得B。③B连接光源S并延长交墙角得B'，A'、B'相连，连接B'、E。完成整个阴影。

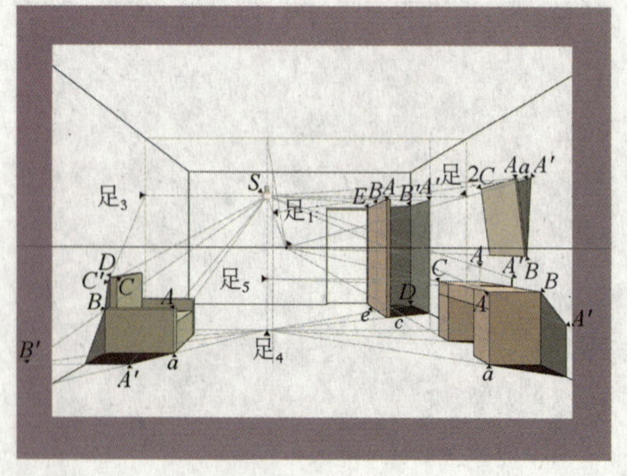

图7-19 平行透视灯光阴影的作法

5.室内灯光在余角透视中阴影的作法

如图 7-20 所示，作倾斜镜框和倾斜板的灯光阴影时，可假设镜框、斜板是紧靠着墙面的，先作出其在墙上的映点，然后再求倾斜状态时的阴影。垂直于墙面上的平板，在运用光足和光源时，根据棍杆在空间中的情况不同，紧贴墙的棍杆用光足$_1$，而离开墙的平板的棍杆用光源S。在作门的阴影时，应先求出A杆的阴影，利用A杆的阴影再作出门的阴影。求台上的物体阴影时应该运用光足$_4$。

作图步骤如下：

1）台：A点连光源S并反向延长，杆足连光足$_3$并反向延长，两线相交得A'，A'和余$_1$的连线与墙角相交，其交点和B点相连。由上可作出台的阴影。作台上的直立棍杆CD的阴影，过足端D连光足$_4$和墙角相交，自交点作垂线，和C与光源S的连线相交得C'，$C'D$即为CD的影长。

2）柜：过足端B连接光足$_3$并反向延长至墙角，自交点作垂线，与光源S和A点的连线延长线相交，得交点A'，连接A'和余$_1$，由此可作出柜的阴影。

3）镜框：将镜框移至靠墙，过B点作垂线向上，和A点与余$_1$的连线相交为a，连接光源S和A并延长，其延长线和a与光足$_2$的连线相交得A'，A'连接余$_2$（平行棍杆，棍杆为变线，则棍与影有同一个灭点），由此可作出镜框的阴影。

4）斜板：过斜板A点作垂线与墙角边线相交得C点，C连接光足$_1$交斜板底边的延长线为B'，B'连斜板A，遇墙角又转向B**点**。

5）垂直墙面平板：A点、B点连光足$_1$、D、C、光源S分别相交为C'、D'，D'、C'相连，并向余$_1$。

6）门：A点连光源S，棍足连光足$_3$，遇墙角垂直向上相交为A'，A'连门角B点。完成整个阴影。

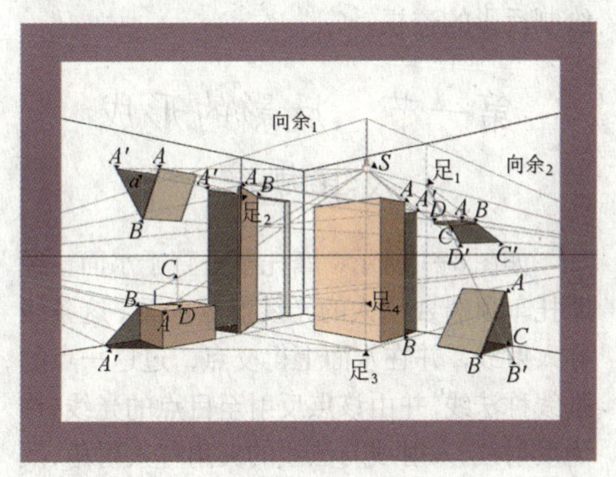

图7-20　余角透视灯光阴影的作法

第八章　反影的透视

物体在表面平整光滑的平面上，呈现出物体位置的颠倒，或是形状的缩小，人们常把这种现象称之为虚像或是倒影、反影。如玻璃、金属板、水面、镜面都能出现反影的现象。要研究镜面反射的透视，首先要弄清楚反影是怎样形成的及其规律，才能准确地绘制反影的透视。

第一节　反影的形成及其规律

如图8-1所示，摩托车垂直于水面，经摩托车顶端A引入的光线射至水面，这条线称入射线，并在水面上得交点，过这一点的垂线称法线，并由该点反射至目点的光线，称为反射线。入射线与法线的夹角称入射角，反射线与法线的夹角称反射角，入射角等于反射角。

摩托车反影的高度$A'B'$等于摩托车的高度AB。从图中可以看出物体与倒影之间的关系为垂直、等距、反方向。

在研究水面的反影透视时，同样，也要对三种棍杆的（垂直棍杆、平行棍杆、倾斜棍杆）反影透视的规律分析透彻，这样有利于在透视图中作出物体的倒影。

第二节　三种棍杆在倒影透视中的规律

1.垂直棍杆垂直于反射面

如图8-2(a)所示，棍杆为原线，棍杆与倒影的长度相等。

2.平行棍杆平行于反射面

平行棍杆有二种情景：

(1) 棍杆为原线，棍与倒影平行且等长。如图8-2(b)所示。

(2) 棍杆为变线，棍与倒影同向一个灭点，倒影长于棍杆。如图8-3所示。

3.倾斜棍杆倾斜于反射面

倾斜棍杆为斜线，棍与倒影长度相等。如图8-2(c)所示。

【例题】求倾斜棍杆为上斜变线的反影。如图8-4。

作图步骤如下：

(1) 倾斜棍杆的长为AB，自A点作垂线段AC（垂直棍杆），并延长AC至A'，使$A'C$等于AC的长度。

(2) 连接B、C并延长高至视平线，其交点为余点，过余点作垂线。交点延长BA至余点垂线，得升点，延长BA'至余点垂线，得降点，这时$A'B$为AB棍杆的倒影长度，其现象为杆长影短。

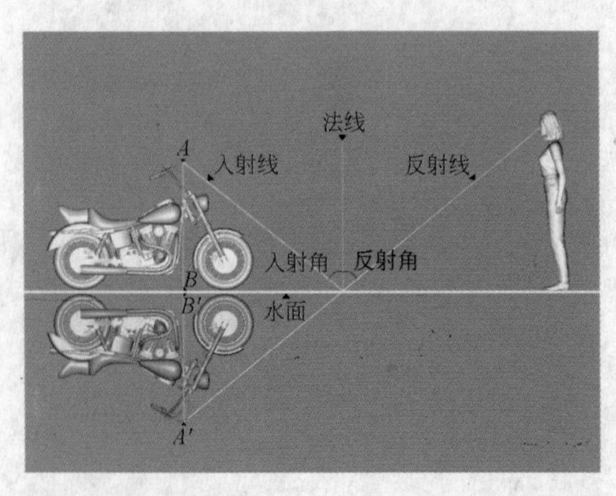

图8-1　反影的形成

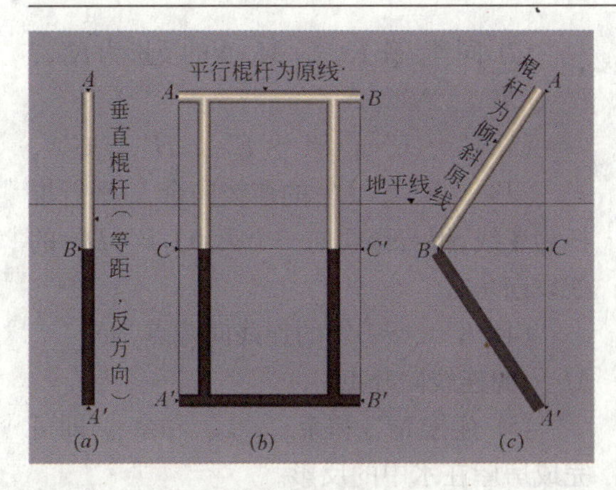

图8-2　三种棍杆的倒影规律

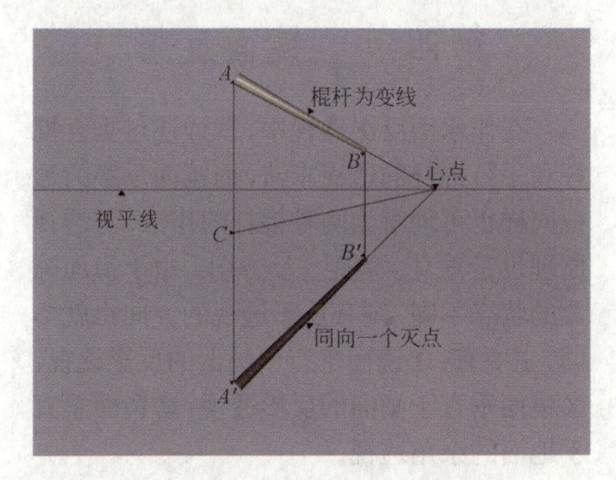

图8-3　影长杆短

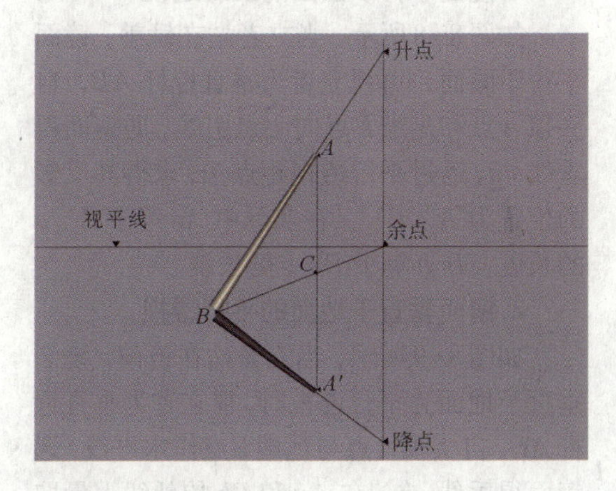

图8-4　影短杆长

【例题】求倾斜棍杆为下斜变线的反影。如图8-5。作图步骤及原理同上题，其所成的现象为影长杆短。

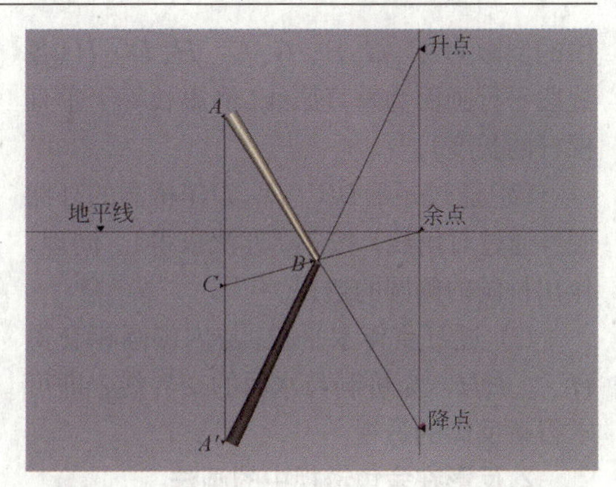

图8-5　影长杆短

第三节　水面反影

1.反影在平行透视中的画法

【例题】已知：拱桥（其桥洞为半圆形）的平行透视，求其在水中的反影。如图8-6。

理解与分析：

该图为平行透视，*EA*为桥的上斜变线，其灭点为升点，*EA*在反影中的透视方向则变为下斜变线，灭点为降点。*CF*为桥的下斜变线，其灭点为降点，同样在反影中变为上斜变线，灭点为升点。桥洞与其反影合为圆形。*GH*的连线为水平面，是桥与其反影的交界线。

作图步骤如下：

(1) 分别作*AG*、*BG*、*CH*、*DH*在水面

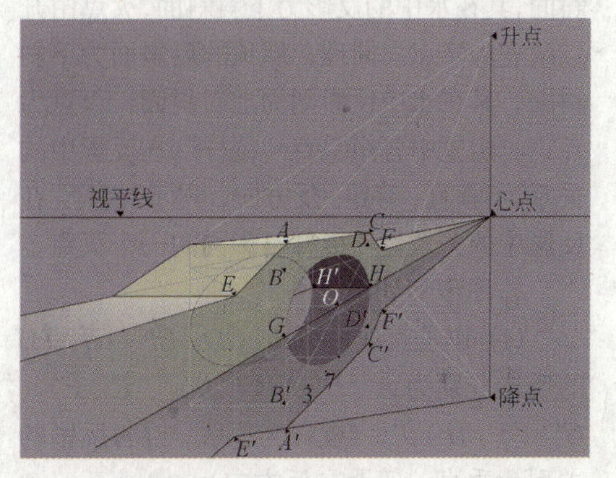

图8-6　拱桥反影的平行透视

中的倒影为$A'G$、$B'G$、$C'H$、$D'H$(各线段平行画面为垂直原线，倒影长等于垂直棍杆的长度)。

(2) 通过矩形$BB'D'D$作桥洞的外侧圆（通过对角线，按3:7方法求得）。同理，作出桥洞内侧圆的透视。

(3) 过H**点**作水平线，与内侧圆相交得H'，HH'为桥洞与水面的交界线，即可求得桥反影的透视。

2.反影在余角透视中的画法

【例题】已知房屋的余角透视，求其在水中的反影。如图8-7。

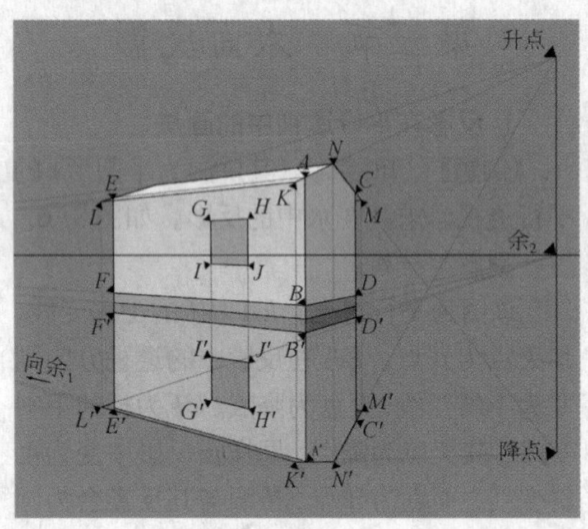

图8-7 房屋反影的余角透视

理解与分析：

屋顶为斜面透视，屋顶的前斜面为上斜斜面，其在水中的反影为下斜斜面，灭点由升点改变为降点。同理，屋顶的后斜面为下斜斜面，其在水中反影则为上斜斜面，灭点为升点。房屋中各组垂直"棍杆"在反影中的关系为：垂直、等距、反方向。平行"棍杆"在反影中的关系为，棍杆与影同向一个灭点。

作图步骤如下：

(1) 作垂直线段AB、CD、EF、GI、HJ的反影分别为$A'B'$、$C'D'$、$E'F'$、$G'I'$、$H'J'$（棍杆为原线，棍与反影的关系为垂直、等距、反方向）。

(2) 同理，作K、L、M、N的反影为K'、L'、M'、N'。

(3)A'、E'，B'、F'，H'、G'，J'、I'，K'、L'的连线向余$_1$（平行棍杆为变线，棍与影同向一个灭点)。$B'D'$的连线向余$_2$。

(4) K'、N'的连线向降点，N'、M'的连线向升点。

(5) 连接M'和余$_1$，L'和余$_2$。即可完成房屋在水中的反影。

第四节 镜面反影

在作水面反影透视中，曾详述过垂直棍杆和平行棍杆的透视求法，而镜面反影的透视同样也可理解为两种棍杆的作法，其透视原理也是垂直、等距、反方向。由于镜面陈放的状态不同，则其反影透视的方向也就不同，主要有：①镜面平行于画面的反影透视；②镜面垂直于画面的反影透视；③镜面垂直于地面的余角透视。

1.镜面平行于画面的反影透视

如图8-8所示，当立者站在镜前，镜面平行于画面，可视立者为垂直棍杆AB，自头顶A点和足端B点向心点引线，遇镜面得垂线ab，通过平行透视距点法，求得其反影的位置为$A'B'$。在实际中Aa等于$A'a$的长度，Bb等于$B'b$的长度。

2.镜面垂直于地面的平行透视

如图8-9所示，当立者站在镜前，镜面垂直于地面为平行透视时，视立者为垂直棍杆AB，自头顶A点与足端B点作水平线，遇镜面得垂线ab，在Aa和Bb的延线上量取aA'、bB'。使得aA'等于Aa的长度，bB'等于Bb的长度，$A'B'$为人在镜中的反影。其原理为，棍杆平行于画面，垂直于地面，为原线，透视方向没有灭点，保持原状态。

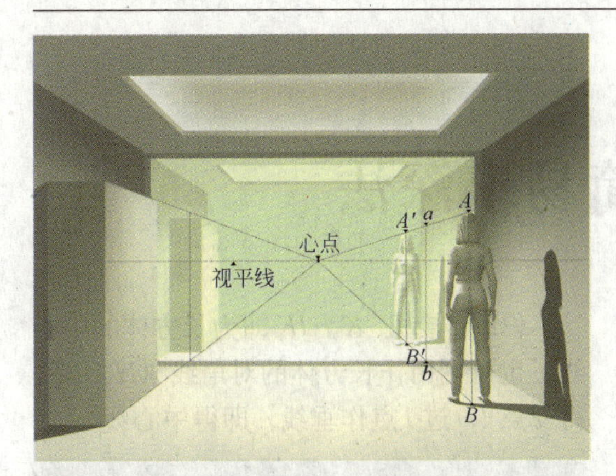

图8-8　镜面平行于画面的反影透视

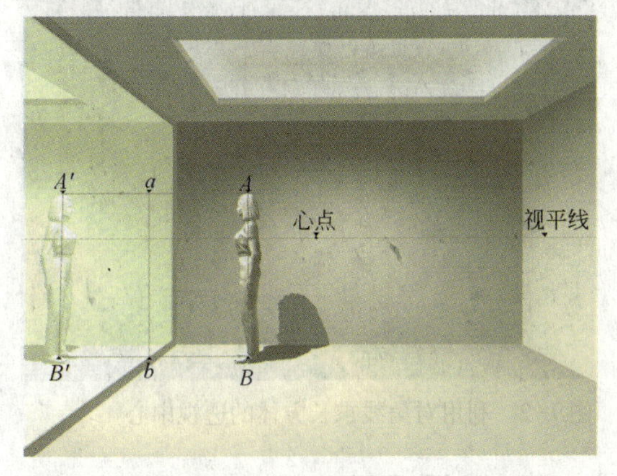

图8-9　镜面垂直于地面的平行透视

3.镜面垂直于地面的余角透视

如图8-10所示，当立者站在镜前，镜面垂直于地面为余角透视时，同样视立者为垂直棍杆AB，自头顶A点和足端B点向余$_1$点引线，遇镜面得垂线ab，通过测点法求得A' 、B' ，A' B' 为人在镜中的反影。同时，也可通过对角线原理，求得A' B' 。

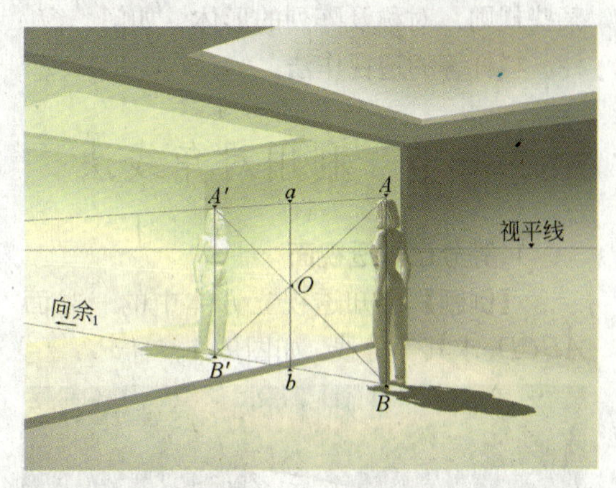

图8-10　镜面垂直于地面的余角透视

第九章　简易求深法

应用简易求深法，有利于简化建筑物中某些规则、对称及阵列的形体，如门、窗、柱、栏杆等的透视作法。

第一节　利用对角线法

1.等分已知透视面

【例题】 已知透视立方体中的一立面$ABCD$，求其等分线。如图9–1。

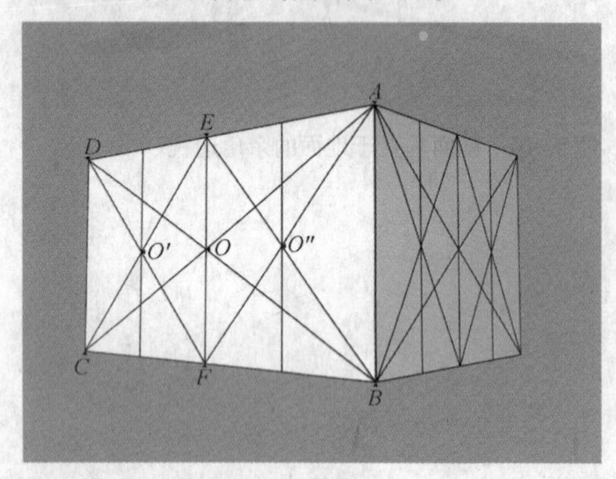

图9–1　对角线法等分已知面

作图步骤如下：

(1) 作$ABCD$的对角线AC、BD，得中点O点，过O作垂线EF，则EF平分$ABCD$。

(2) 分别作$CDEF$，$ABFE$的对角线，得两交点为O'、O''。

(3) 分别过O'、O''作垂线，即可四等分$ABCD$。

2.求长方体的透视中心

【例题】 已知长方体的透视，求其中心线。

作图步骤如图9–2。

(1) 作顶面$ABGE$的对角线得中点J，底面$CDFH$的对角线得中点K。

(2) 连接J、K，JK即为长方体的中心线。也可利用作长方体的对角线AH、BF，得交点I，过I点作垂线，即得中心线。

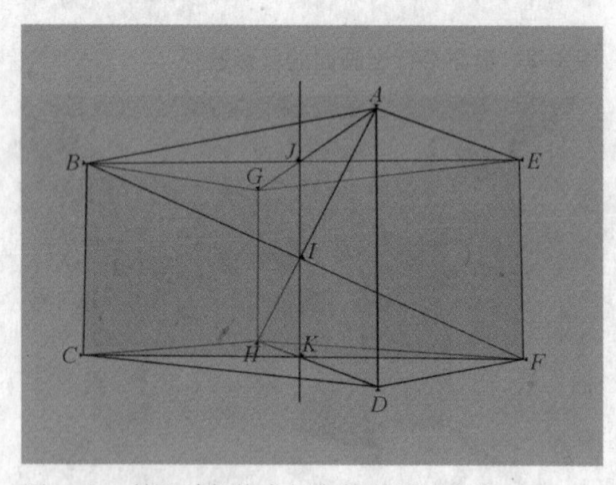

图9–2　利用对角线求长方体的透视中心

3.求对称图形

【例题】 已知透视矩形$ABCD$中的右边任意形$ABFE$(在透视矩形内)，求其左边相对应的透视图形。如图9–3。

作图步骤如下：

(1) 作对角线AC、BD，相交得O点。

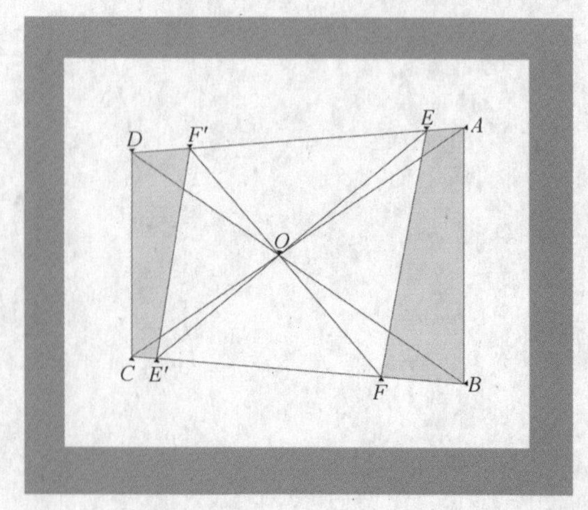

图9–3　求对称图形

(2) 连接EO并延长至BC，得E'点，连接FO并延长至AD，得F'点，连接$E'F'$，$DCE'F'$即为所求的图形。

第二节 辅助灭点法

1.辅助灭点法分割已知透视矩形

【例题】已知透视矩形$ABCD$，求其以2:3:1:3的分割线。如图9-4。

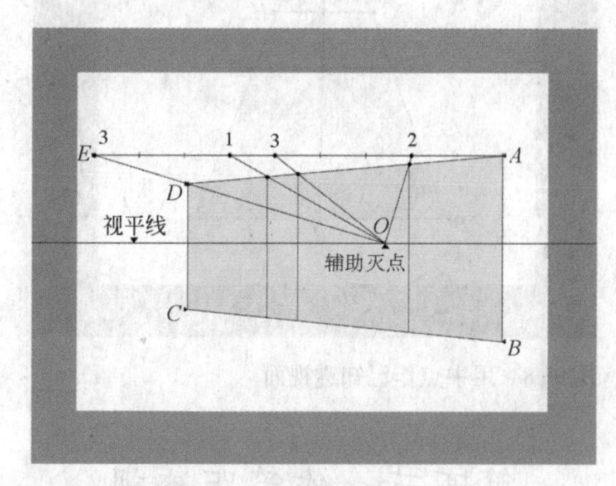

图9-4 辅助灭点分割透视矩形

作图步骤如下：

(1) 自A**点**作水平线AE为任意长。

(2) 自AE作2:3:1:3的等份。

(3) 连接ED并延长至视平线得O点，O点为辅助灭点。

(4) 等分点分别连O点交AD线得各点，通过各点作垂线，便可按2:3:1:3的比例分割透视矩形。

2.利用辅助灭点作与已知透视矩形全等的透视矩形

【例题】已知透视矩形$ABCD$，求与其全等的透视矩形。如图9-5。

作图步骤如下：

(1) 连接AC并延长至视平线，得O点。

(2) DO的连线交BC的延长线得E点。

(3) 连接余$_2$、E点，并延长交AD的延长线(A至余$_1$的连线)得F点，$FDCE$即为所求的全等距形。

(4) 同理可得全等的透视距形$BGHC$。

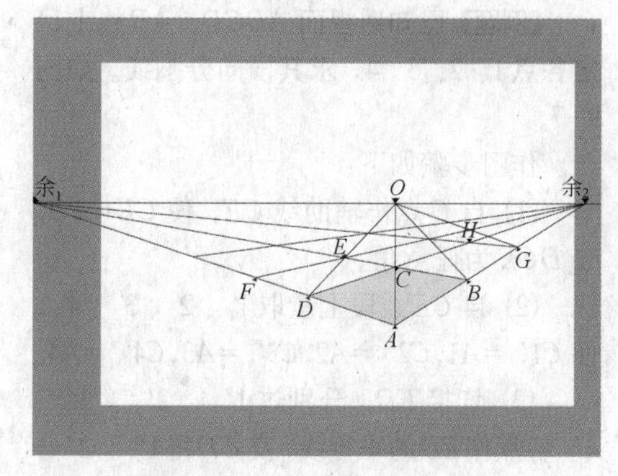

图9-5 利用辅助灭点求全等矩形

3.利用距点作与已知透视面全等的透视平面

【例题】已知透视平面$ABCD$。求与其全等的透视平面。如图9-6。

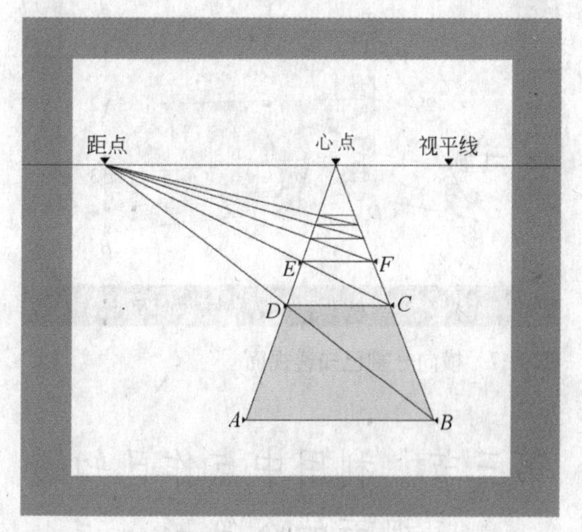

图9-6 利用距点求全等透视平面

作图步骤如下：

(1) 作$ABCD$的对角线BD并延长至视平线，得距点。

(2) C与距点的连线交A与心点的连线得E点，过E作水平线与B至心点的连线相交，得F点。

(3) 所得透视面$DCFE$与已知透视面$ABCD$全等。

(4) 同理可得无数个全等的透视面。

4.横向分割已知透视面

【例题】 已知透视面$ABCD$，AB线上已定各点1、2、3、4，求其横向分割线。如图9–7。

作图步骤如下：

(1) 自C点作辅助线CE，使$CE=AB$，$\angle DCE$为任意角。

(2) 自CE线段上量取1′、2′、3′、4′，使$C1'=A1, C2'=A2, C3'=A3, C4'=A4$。

(3) 连接ED，分别过1′、2′、3′、4′各点作ED的平行线，交CD得1″、2″、3″、4″。

(4) 连接1与1″、2与2″、3与3″、4与4″，即可求出$ABCD$的横向分割线。

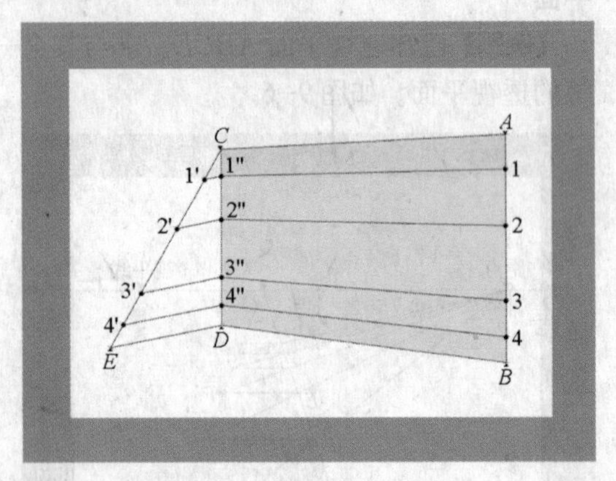

图9–7　横向分割已知透视面

第三节　利用中点作已知透视面的全等形

【例题】 已知透视面$ABCD$，求与其全等的透视面。如图9–8。

作图步骤如下：

(1) AD的延长线与BC的延长线相交得心点。

(2) 在AB中量取中点E，E与心点的连线交CD得F点。

(3) 连接AF并延长至BC的延长线相交，得G点。

(4) 过G作水平线与AD的延长线相交得H点，$DCGH$即是已知透视面$ABCD$的全等形。同理可得无数个。

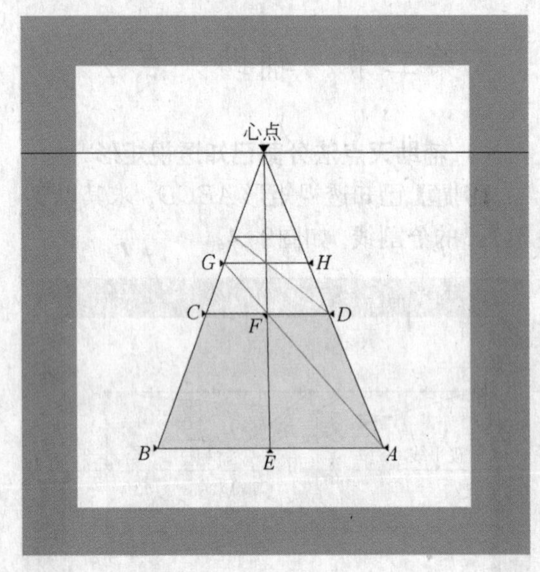

图9–8　用中点作已知透视面

第四节　作等距透视

【例题】 已知透视矩形$ABCD$，求其阵列的透视矩形。如图9–9。

作图步骤如下：

(1) 在$ABCD$的右侧作任意垂线，交AD的延长线和BC的延长线，得E、F点。

(2) 连接AB和EF的中点并延长，得I线。

(3) 连接D、F并与I线相交，得O点。

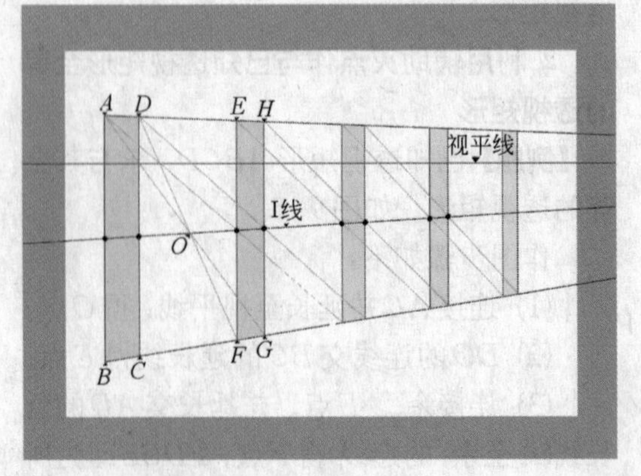

图9–9　作等距透视

(4) 连接 A、O 并延长至 BC 的延长线，得 G 点。

(5) 过 G 点作垂线，交 AD 的延长线为 H 点，则 $EFGH$ 为 $ABCD$ 的全等矩形。

(6) 如图所示，可得其他阵列矩形的透视。

第五节 用简捷法作不等距透视

【例题】 已知立面 $ABGH$，其中 BC、FG 的长度为 Q_1，CF 的长度为 Q_2，并已求出 $ABCD$ 的透视图形，求其整个立面的完整透视。如图 9−10(a)。

作图步骤如下（图 9−10b）：

(1) 过 C 点作任意斜线 CI，在 CI 上量取 J 点，使 $CJ=Q_2$，$IJ=Q_1$。

(2) 连接 I、D 两点，过 J 点作 ID 的平行线交 DC 线得 E 点。

(3) 连接 A、E，并延长交 BC 的延长线得 F 点。

(4) 过 F 点作垂线交 AD 的延长线得 G 点。

(5) 作 $DCFG$ 的对角线得 O 点，连接 BO 并延长至 AD 的延长线，得 H 点。

(6) 过 H 点作垂线交 BC 的延长线得 K 点，即可求出立面的完整透视。

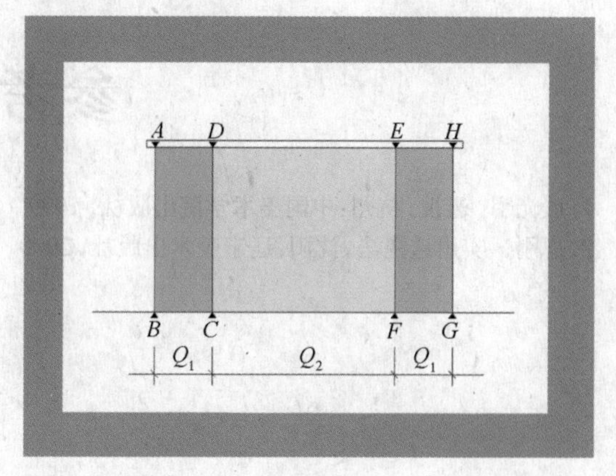

(a)立面图

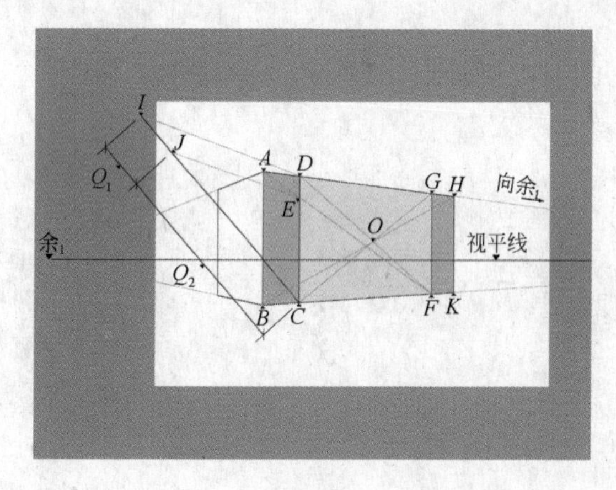

(b)作法

图 9−10 不等距透视作法

参考文献

1.殷光宇.透视.杭州:中国美术学院出版社,1999
2.恩刚. 实用透视法.沈阳:辽宁美术出版社,2000